Abdelali FATEH

Desafios e questões do desenvolvimento urbano nas cidades marroquinas

Abdelali FATEH

Desafios e questões do desenvolvimento urbano nas cidades marroquinas

Rumo à equidade socioeconómica e à integração espacial

ScienciaScripts

Imprint
Any brand names and product names mentioned in this book are subject to trademark, brand or patent protection and are trademarks or registered trademarks of their respective holders. The use of brand names, product names, common names, trade names, product descriptions etc. even without a particular marking in this work is in no way to be construed to mean that such names may be regarded as unrestricted in respect of trademark and brand protection legislation and could thus be used by anyone.

Cover image: www.ingimage.com

This book is a translation from the original published under ISBN 978-620-6-72391-2.

Publisher:
Sciencia Scripts
is a trademark of
Dodo Books Indian Ocean Ltd. and OmniScriptum S.R.L publishing group

120 High Road, East Finchley, London, N2 9ED, United Kingdom
Str. Armeneasca 28/1, office 1, Chisinau MD-2012, Republic of Moldova, Europe
Printed at: see last page
ISBN: 978-620-8-23760-8

Conteúdo

Coordenado por :

Abdelali FATEH

Contribuintes :

Abdelali FATEH, *Universidade Mohammed V, Rabat - Marrocos*

Mohamed KAFSSI*, Faculdade de Educação, Universidade Mohammed V, Rabat - Marrocos*

Anas EL AZIZI EL ALAOUI, *Faculdade de Letras e Ciências Humaines, Universidade Mohammed V, Rabat - Marrocos*

Soukaina BOUJEMI, *Faculdade de Letras e Ciências Humaines, Universidade Mohammed V, Rabat - Marrocos*

Malak JABLI, *Faculdade de Ciências Humanas, Universidade Mohammed V, Rabat - Marrocos*

Rachida BAILI*, Doutora em Geoambiente Membro do Laboratório de Geoengenharia e Ambiente (LGIE) da Faculdade de Ciências de Meknes.*

Jamila OUARDI, *Centre regional des metiers de l'education et de formation (CRMEF, Casablanca -Settat).*

Prefácio

As cidades marroquinas têm vindo a registar um rápido crescimento urbano desde há várias décadas, o que conduz a numerosos desafios em termos de ordenamento do território, gestão de recursos e integração socioeconómica. Face a estes desafios, a necessidade de um desenvolvimento urbano sustentável tornou-se um imperativo incontornável para garantir a sustentabilidade e o bem-estar dos habitantes das cidades.

Esta obra colectiva reúne as reflexões e análises de investigadores e doutorandos-investigadores, destacando as principais questões relacionadas com o desenvolvimento urbano sustentável em Marrocos. Aborda questões cruciais como a integração funcional dos espaços urbanos, o planeamento urbano estratégico, a educação para o planeamento urbano sustentável, a preservação do património arquitetónico e a mistura urbana. É também dada especial atenção às questões da equidade, da justiça socio-espacial e do papel da inteligência urbana na redução das disparidades territoriais.

Ao oferecer uma perspetiva multidisciplinar e uma abordagem holística, este livro pretende ser uma ferramenta valiosa para compreender os desafios complexos que as cidades marroquinas enfrentam e identificar as alavancas de ação para um desenvolvimento urbano mais inclusivo, resiliente e amigo do ambiente.

As contribuições aqui reunidas testemunham o empenho e a competência dos investigadores, urbanistas e arquitectos que trabalham para um futuro urbano sustentável em Marrocos.

Convidam-nos a repensar os nossos modelos de desenvolvimento urbano e a adotar práticas inovadoras, colocando os cidadãos no centro desta reflexão.

Esperamos que este livro estimule um diálogo frutuoso entre os vários actores envolvidos e contribua para a emergência de visões e políticas ambiciosas para responder aos desafios do desenvolvimento urbano sustentável nas cidades marroquinas.

Abdelali FATEH

Introdução geral

O fenómeno da urbanização está a acelerar a um ritmo impressionante em todo o mundo, conduzindo a alterações profundas nas paisagens urbanas. De acordo com as projecções das Nações Unidas, quase 70% da população mundial viverá em cidades até 2050.

Este crescimento urbano exponencial está a exercer uma pressão considerável sobre os recursos naturais e o ambiente. As cidades enfrentam grandes desafios, como a poluição atmosférica, a gestão dos resíduos, o congestionamento rodoviário e a perda de biodiversidade. Estas questões ambientais complexas ameaçam a qualidade de vida dos habitantes das cidades e a sustentabilidade dos ecossistemas urbanos.

Face a estes grandes desafios, é imperativo repensar os nossos métodos tradicionais de desenvolvimento urbano. Os modelos actuais, que se baseiam frequentemente num crescimento económico rápido em detrimento da proteção do ambiente, revelam-se inadequados e insustentáveis a longo prazo. É agora crucial adotar uma abordagem holística e integrada que tenha em conta as dimensões ambiental, social e económica do desenvolvimento urbano. Tal significa desafiar os nossos actuais paradigmas urbanos e explorar novas vias, mais sustentáveis e resilientes.

O conceito de desenvolvimento urbano sustentável está a emergir como uma resposta crucial a estes desafios complexos. O seu objetivo é criar cidades que sejam mais respeitadoras do ambiente, socialmente inclusivas e economicamente viáveis. Um desenvolvimento harmonioso significa utilizar

Além disso, exige a participação ativa dos cidadãos e a consideração de aspectos sociais como o acesso equitativo a serviços essenciais e a qualidade de vida. Além disso, exige a participação ativa dos cidadãos e a consideração de aspectos sociais como o acesso equitativo a serviços essenciais e a qualidade de vida. Ao adotar uma abordagem sustentável e holística, as cidades podem tornar-se lugares mais saudáveis, mais resistentes e atractivos para as gerações presentes e futuras.

O objetivo desta publicação colectiva multidisciplinar é explorar as muitas dimensões do urbanismo sustentável, oferecendo perspectivas teóricas e práticas. Utilizando uma abordagem interdisciplinar, esta publicação reúne contribuições de investigadores de várias disciplinas, incluindo o planeamento urbano, a arquitetura, a geografia, a sociologia e a economia. Este leque de perspectivas permite abordar as questões complexas do desenvolvimento urbano sustentável a partir de vários ângulos complementares.

Os autores analisam uma série de questões, desde a integração funcional dos espaços urbanos até ao planeamento estratégico sustentável, passando pela educação, o património, a mistura arquitetónica, a equidade socioespacial e a inteligência urbana. Esta abordagem multidisciplinar tem como objetivo proporcionar uma compreensão aprofundada dos desafios e oportunidades associados à implementação do urbanismo sustentável em diferentes contextos.

Embora os princípios do planeamento urbano sustentável sejam universais, a sua aplicação deve ter em conta as especificidades locais e regionais. Por esta razão, esta publicação presta uma atenção especial ao contexto marroquino, rico em especificidades próprias.

história urbana e os seus desafios actuais em termos de desenvolvimento urbano sustentável.

Os estudos de caso apresentados, tais como os aglomerados urbanos de Rabat-Sale-Temara e Casablanca, bem como a análise das cidades costeiras marroquinas, permitem ancorar as reflexões teóricas em realidades concretas. Esta contextualização permite explorar as especificidades locais, os constrangimentos e as oportunidades próprias de Marrocos, extraindo simultaneamente ensinamentos pertinentes para outras regiões que enfrentam desafios semelhantes.

Ao explorar estas várias facetas do planeamento urbano sustentável no contexto marroquino, esta publicação pretende estimular o diálogo e encorajar a troca de experiências e de boas práticas entre os vários actores envolvidos na promoção do desenvolvimento urbano sustentável em Marrocos e não só.

Parte I

Integração funcional e planeamento estratégico das zonas urbanas

A integração funcional de diferentes áreas urbanas numa única metrópole económica representa um grande desafio para os urbanistas e decisores políticos. O crescimento rápido das cidades e a expansão das zonas periurbanas conduziram a uma fragmentação espacial que prejudica a coerência e a eficácia dos sistemas urbanos. Perante este problema, uma abordagem estratégica e uma visão de conjunto são indispensáveis para assegurar uma verdadeira sinergia entre as diferentes componentes da metrópole e otimizar assim o fluxo de pessoas, bens e informações.

Deste ponto de vista, a aglomeração urbana Rabat-Sale-Temara constitui um caso de estudo particularmente interessante, uma vez que ilustra as questões ligadas à integração funcional de áreas urbanas outrora distintas, mas atualmente interligadas numa única dinâmica metropolitana. Uma análise aprofundada desta aglomeração permitirá evidenciar os desafios específicos que se colocam às cidades marroquinas na procura de uma maior coesão territorial e de uma melhor articulação das funções urbanas.

Ao mesmo tempo, a estreita relação entre o planeamento estratégico sustentável e a competitividade urbana das cidades costeiras marroquinas merece uma atenção especial. Num contexto de globalização crescente e de concorrência feroz entre as metrópoles, a capacidade de uma cidade se destacar e atrair investimentos e talentos depende em grande parte da sua capacidade de se projetar no futuro de forma sustentável e de valorizar os seus activos específicos.

Integração funcional entre zonas urbanas no contexto da metrópole política e económica: o caso da aglomeração urbana Rabat-Sale-Temara

Abdelali FATEH [1]

Currículo :

Num contexto de crescente monopolização e integração dos espaços

urbanos, esta investigação analisa a dinâmica da interdependência funcional em ação nas aglomerações metropolitanas.
Partindo de diferentes abordagens teóricas das regiões urbanas funcionais e dos sistemas urbanos complexos, o artigo analisa os processos e as formas de integração em jogo no caso específico da aglomeração de Rabat-Sale-Temara, em Marrocos. Examina a dinâmica histórica da integração espacial, as infra-estruturas de mobilidade, as complementaridades económicas intersectoriais, a distribuição dos equipamentos e serviços metropolitanos e as questões de governação a nível supramunicipal.
O objetivo deste artigo é lançar alguma luz teórica sobre as interdependências funcionais que estruturam as metrópoles contemporâneas. [1]
Palavras-chave: Integração funcional, Espaços urbanos, Metrópoles, Regiões urbanas funcionais, Sistemas urbanos, Rabat-Sale-Temara, Interdependências, Mobilidade, Complementaridades económicas, Governação metropolitana.

Introdução

Num contexto de metropolização crescente e de reconfiguração das dinâmicas urbanas à escala mundial, a integração funcional das áreas urbanas no seio das regiões metropolitanas constitui um desafio importante tanto para a investigação como para a ação pública.

Esta questão está no centro dos debates contemporâneos sobre a evolução dos sistemas urbanos e a emergência de novas formas de centralidade policêntrica. O objetivo desta investigação é analisar os processos e as formas de integração funcional em curso no aglomerado de Rabat-Sale-Temara, utilizando os quadros teóricos das regiões urbanas funcionais e da abordagem sistémica dos espaços urbanos. O objetivo é examinar como as interdependências económicas, os fluxos de mobilidade, a distribuição dos equipamentos metropolitanos e os mecanismos de governação contribuem para a estruturação de um espaço urbano funcionalmente integrado que ultrapassa as fronteiras administrativas.

---

[1] *Universidade Mohammed V, Rabat*

O artigo pretende, assim, lançar luz empírica e teórica sobre as dinâmicas de integração funcional que caracterizam as metrópoles contemporâneas, em particular no contexto dos países emergentes. A relevância deste tema reside na sua capacidade de alimentar reflexões sobre as questões do planeamento e da governação das regiões metropolitanas, tendo em vista o desenvolvimento urbano sustentável e o reforço da competitividade territorial.

I. Abordagens teóricas da integração funcional dos espaços urbanos

I.1 A teoria das regiões urbanas funcionais

1.1.1 Definições e conceitos-chave

A teoria das regiões urbanas funcionais (RUF) estabeleceu-se como um quadro concetual importante para compreender a dinâmica da integração espacial e económica nas áreas metropolitanas contemporâneas. Inicialmente desenvolvida na década de 1970 por Brian Berry e seus colegas, esta abordagem visa ultrapassar os limites das divisões administrativas tradicionais, a fim de compreender a verdadeira extensão das interações funcionais que estruturam as aglomerações urbanas.

Os RUF são definidos como unidades territoriais coerentes, caracterizadas por uma elevada intensidade de fluxos e intercâmbios entre um centro urbano central e a sua zona de influência periférica. Esta definição baseia-se no conceito de zona de emprego, centrando-se nas deslocações pendulares como um indicador-chave da integração funcional. Para além desta dimensão inicial, a noção de RUF foi gradualmente alargada para abranger outros tipos de interação, como os fluxos de consumidores, as redes de empresas e a mobilidade relacionada com o lazer e a educação.

1.1.2 Critérios de análise da integração

A análise dos RUF baseia-se num certo número de critérios de avaliação do grau de integração funcional das zonas urbanas. Estes critérios incluem, em primeiro lugar, a intensidade e a direção dos fluxos de deslocações diárias, que revelam a estrutura policêntrica ou monocêntrica da aglomeração (Ludovic Halbert, 2021, p. 78).

A complementaridade económica entre os diferentes centros urbanos é um segundo critério essencial, que evidencia as especializações funcionais e as sinergias produtivas à escala metropolitana.
A distribuição espacial dos equipamentos e serviços de impacto metropolitano representa um terceiro domínio de análise, permitindo identificar as centralidades estruturantes e os padrões hierárquicos no seio dos RUF.
Finalmente, a existência de mecanismos de governação e planeamento a nível supramunicipal é um quarto critério, revelando a consciência institucional das interdependências funcionais (Gilles Pinson e Christophe Demaziere, 2017, p. 89).
A conjugação destes diferentes critérios permite compreender a complexidade dos processos de integração do Louvre em regiões urbanas funcionais, ultrapassando uma abordagem puramente morfológica para apreender as dinâmicas socioeconómicas e políticas que moldam estas áreas metropolitanas.

I.2 O conceito de metrópole

1.2.1 Surgimento e caraterísticas

O conceito de metrópole tem vindo a emergir progressivamente no domínio dos estudos urbanos para designar as grandes aglomerações urbanas que desempenham um papel motor na economia global contemporânea. A emergência deste conceito está intimamente ligada aos processos de globalização e metropolização que reconfiguraram profundamente a hierarquia urbana desde os anos 80 (Pierre Veltz, 2019, p. 23).
As metrópoles económicas caracterizam-se sobretudo pela sua capacidade de concentrar e articular funções económicas estratégicas à escala mundial, como os serviços avançados às empresas, as atividades de investigação e desenvolvimento e as indústrias criativas (Ludovic Halbert, 2018, p. 56).
Esta concentração é geralmente acompanhada de uma forte atração demográfica, de uma acentuada diversidade social e cultural e de uma integração em densas redes de intercâmbio internacional (Saskia Sassen, 2021, p. 112). A metrópole económica distingue-se assim das

simples grandes cidades pela sua influência extraterritorial e pela sua capacidade de polarizar o fluxo de capitais, de informação e de talentos a uma escala suprarregional ou mesmo global.

1.2.2 Papel na estruturação das actividades económicas

O papel estruturante das actividades económicas na formação e desenvolvimento das metrópoles é um elemento central deste conceito. A concentração de funções económicas de nível superior gera efeitos de aglomeração e externalidades positivas que aumentam a atratividade e a competitividade da área metropolitana.

Estas dinâmicas reflectem-se numa reconfiguração espacial das actividades no interior da área metropolitana, com a emergência de pólos especializados e de clusters inovadores que estruturam o tecido económico local.

Além disso, as metrópoles económicas caracterizam-se por um elevado grau de integração intersectorial, favorecendo as sinergias entre as indústrias tradicionais, os serviços avançados e a economia do conhecimento. Esta integração é particularmente evidente na intensificação das relações de subcontratação e de parceria entre empresas, bem como na multiplicação das interações entre a esfera produtiva e o mundo da investigação.

Por último, o dinamismo económico das metrópoles repercute-se no conjunto da sua região de influência, através de mecanismos de redistribuição e de difusão da inovação que contribuem para estruturar sistemas de produção regionais coerentes.

I.3 A abordagem sistémica dos espaços urbanos

1.3.1 A cidade como um sistema complexo

A abordagem sistémica dos espaços urbanos tornou-se um paradigma essencial para compreender a complexidade das dinâmicas metropolitanas contemporâneas. Esta perspetiva teórica, inicialmente desenvolvida nos anos 60 por investigadores como Brian Berry e Jay Forrester, vê a cidade como um sistema complexo, caracterizado por uma multiplicidade de elementos em constante interação.

Nesta perspetiva, o espaço urbano é analisado como um todo orgânico, cujos componentes são interdependentes e se influenciam mutuamente através de ciclos de retroação positivos e negativos (Denise Pumain e Lena Sanders, 2020, p. 67). Esta abordagem permite-nos ultrapassar uma visão estática e compartimentada da cidade e compreender os processos dinâmicos que estão na base do seu funcionamento e evolução. Destaca as propriedades emergentes do sistema urbano, que não podem ser reduzidas à simples soma das suas partes, mas resultam das interações complexas entre os seus diferentes componentes.

1.3.2 Interações e interdependências funcionais

As interações e interdependências funcionais estão no centro da análise sistémica dos espaços urbanos. Estas relações multifacetadas exprimem-se através dos diferentes fluxos e trocas que estruturam o funcionamento quotidiano da metrópole: fluxos de pessoas, de bens, de informações, de capitais, etc.

O estudo destas interações evidencia as complementaridades funcionais entre os vários subconjuntos do sistema urbano, sejam eles bairros, municípios ou centros de actividades especializadas. Revela também as hierarquias e assimetrias que caracterizam estas relações, evidenciando os fenómenos de polarização e de dependência no interior da área metropolitana.

Além disso, a abordagem sistémica procura identificar os ciclos de feedback que amplificam ou regulam estas interdependências, contribuindo assim para a estabilidade ou transformação do sistema urbano como um todo (Lena Sanders e Denise Pumain, 2023, p. 201). Em particular, esta perspetiva permite analisar os efeitos em cascata que as intervenções locais podem ter no sistema metropolitano como um todo, fornecendo assim um quadro relevante para a compreensão das questões de planeamento e governação urbanos à escala de vastos territórios funcionalmente integrados.

II. Dinâmicas de integração em ação na aglomeração de Rabat-Sale-T emara

II.1 Elementos de contexto

2.1.1 Localização geográfica e peso demográfico

A conurbação Rabat-Sale-Temara é uma importante área urbana de Marrocos, cuja localização geográfica e peso demográfico a tornam um caso de estudo particularmente pertinente para a análise das dinâmicas de integração funcional das áreas metropolitanas. [2]Situada na costa atlântica do país, a cerca de 90 km a sul de Casablanca, esta conurbação cobre uma área de cerca de 1.800 km, incluindo as cidades de Rabat (capital administrativa), Sale e Temara.

Mapa (01) : A aglomeração de Rabat - Sale - Temara

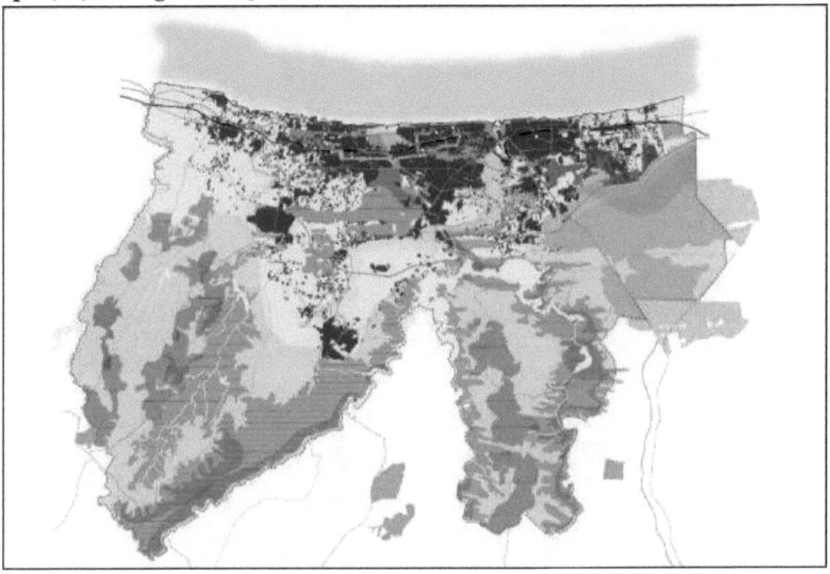

Fonte :*https://x.com/villesethommes/status/1498327125832699910/photo/1*

(Data de acesso 23 de junho de 2024)

De acordo com as últimas estimativas demográficas, a aglomeração conta com uma população de quase 2,5 milhões de habitantes, o que a torna a segunda maior concentração urbana do país, depois da Grande Casablanca (Haut Commissariat au Plan du Maroc, 2022, p. 23). Este crescimento demográfico sustentado, com uma taxa média anual de 2,1% para o período 2014-2022, testemunha a contínua atratividade da região da capital, nomeadamente para as populações rurais que procuram oportunidades económicas.

Figura (01): Evolução demográfica da aglomeração de Rabat-Sale-Temara entre 1994 e 2022

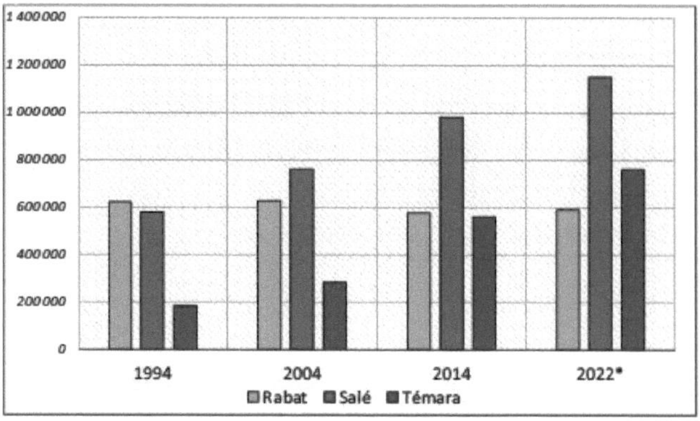

** Estimativa para 2022*

Fontes :

- Recenseamentos gerais da população e da habitação (RGPH) de 1994, 2004 e 2014 (Haut-Commissariat au Plan du Maroc)

- Estimativas para 2022 baseadas nas projecções demográficas do Alto Comissariado de Marrocos para o Planeamento

No entanto, a distribuição espacial desta população revela grandes disparidades entre as diferentes partes da aglomeração, com Sale e Temara a tornarem-se mais densas, enquanto Rabat regista uma relativa estabilização demográfica devido à saturação do seu tecido urbano.

2.1.2 Importância económica nacional e regional

Do ponto de vista económico, a aglomeração de Rabat-Sale-Temara desempenha um papel fundamental na economia nacional e regional de Marrocos. Como capital administrativa do reino, Rabat concentra a maior parte das funções governamentais e diplomáticas, gerando um grande sector terciário ligado a actividades de serviço público.

Para além desta especialização administrativa, a aglomeração conheceu um desenvolvimento económico diversificado nas últimas décadas, com a emergência de clusters empresariais em sectores de elevado valor acrescentado, como as tecnologias de informação e comunicação, o offshoring e as indústrias criativas. De acordo com os dados da Direção de Estatística de Marrocos, a aglomeração contribui com 16,5% para o PIB nacional, o que a torna o segundo maior centro económico do país (Direção de Estatística de Marrocos, 2023, p. 34).

À escala regional, Rabat-Sale-Temara tem um efeito de arrastamento significativo nas zonas circundantes, nomeadamente através do desenvolvimento de zonas industriais e logísticas periféricas como Ain Aouda. No entanto, este dinamismo económico é acompanhado de desafios importantes em termos de equilíbrio territorial e de coesão social, com disparidades persistentes entre as diferentes partes da aglomeração em termos de acesso ao emprego e aos serviços urbanos.

II.2 Processos históricos de urbanização e convergência espacial

2.2.1 Desenvolvimento urbano e dinâmica centrífuga

A evolução urbana desta área metropolitana caracteriza-se por dinâmicas centrífugas particularmente acentuadas desde a segunda metade do século XX. A saturação progressiva do tecido urbano de Rabat, associada a uma pressão fundiária crescente, conduziu a uma expansão urbana para a periferia (FATEH A, 2023), nomeadamente para Sale e Temara. Este fenómeno traduziu-se na emergência de novas zonas residenciais, muitas vezes sob a forma de grandes conjuntos habitacionais ou de bairros periurbanos (FATEH A 2023), que preencheram progressivamente os espaços intersticiais entre os núcleos urbanos históricos. Esta dinâmica centrífuga foi fortemente influenciada pelas políticas públicas de habitação e de ordenamento, que privilegiaram a extensão horizontal da cidade em detrimento da densificação do centro, como o demonstra o desenvolvimento de vastos empreendimentos imobiliários como Hay Riad em Rabat, Al Boustane em Sale e a zona de Al Faourate em Temara.

Paralelamente a estas dinâmicas centrífugas, assistiu-se a um processo progressivo de conurbação entre Rabat, Sale e Temara, que conduziu à formação de um continuum urbano cada vez mais integrado. Este processo de convergência espacial acelerou-se a partir dos anos 80, sob o efeito combinado do crescimento demográfico, do êxodo rural e das mutações económicas (Fateh A. 2023). A conurbação materializou-se através da densificação das vias de comunicação que ligam as três cidades, nomeadamente ao longo do vale do Bouregreg e da costa atlântica. A construção da ponte Hassan II em 2011, ligando diretamente Rabat e Sale, marcou uma etapa simbólica e funcional importante neste processo de integração espacial.

2.2.2 Os fenómenos de conurbação e de metropolização

O fenómeno da metropolização, por seu lado, é mais recente, reflectindo a transição de uma simples conurbação para uma área metropolitana funcionalmente integrada. Esta dinâmica caracteriza-se por uma redistribuição das funções urbanas na conurbação, com a emergência de novos centros periféricos e uma especialização acrescida dos diferentes centros urbanos. Enquanto Rabat mantém a sua preponderância em termos de funções administrativas e culturais, Sale e Temara desenvolveram importantes centros de atividade económica, nomeadamente nos sectores industrial e logístico (zona industrial de Ain Atig (província de Skhirat-Temara). O projeto de desenvolvimento do vale do Bouregreg, lançado em 2006, ilustra esta vontade de criar uma área metropolitana coerente, através da criação de novas ligações entre as margens do rio e do desenvolvimento de equipamentos regionais.

No entanto, esta metropolização é acompanhada de grandes desafios em termos de governação e coesão territorial, com a fragmentação administrativa herdada da história a dificultar a aplicação de políticas de planeamento coordenadas à escala da aglomeração. Persistem disparidades socio-espaciais entre as diferentes partes da metrópole, reflectindo a desigualdade de acesso aos recursos urbanos e a segregação residencial.

II.3 Infra-estruturas de comunicação e deslocações pendulares

2.3.1 Redes de transportes principais

As principais redes de transportes da aglomeração foram objeto de um desenvolvimento significativo nas últimas décadas, com o objetivo de melhorar a conetividade dentro e fora da cidade. O sistema de transportes da aglomeração articula-se em torno de um conjunto de grandes infra-estruturas:

a) A rede rodoviária, dominada pela autoestrada A1, que liga Rabat a Casablanca, e pela autoestrada A2, que liga a Fes, constitui a espinha dorsal das deslocações metropolitanas e interurbanas.

b) A rede ferroviária, com a estação de Rabat-Ville como eixo central, liga a aglomeração ao resto do país através de linhas de alta velocidade (LGV) e convencionais.

c) O elétrico de Rabat-Sale, que entrou em serviço em 2011, é a espinha dorsal dos transportes públicos metropolitanos, com duas linhas que totalizam 27 km e transportam mais de 110 000 passageiros por dia (Societe du Tramway de Rabat-Sale, 2022, p. 12).

d) A rede de autocarros urbanos e interurbanos, que completa a cobertura da região, embora a sua eficácia seja frequentemente posta em causa.

e) Infra-estruturas para atravessar o Bouregreg, nomeadamente a ponte Hassan II (2011) e a ponte Moulay Hassan (2016), que melhoraram consideravelmente as ligações entre Rabat e Sale.

Apesar destes progressos, continuam a existir disparidades entre as diferentes zonas da aglomeração, com uma concentração de infra-estruturas pesadas nas zonas centrais em detrimento dos subúrbios em expansão.

2.3.2 Fluxos diários de deslocações

Os fluxos diários de deslocações no interior da aglomeração de Rabat-Sale-Temara testemunham a intensidade das interações funcionais entre os diferentes centros urbanos. De acordo com um inquérito às deslocações dos agregados familiares realizado em 2020 (Agence Urbaine de Rabat-Sale, 2021, p. 78), observam-se as seguintes tendências

a) Um volume total de cerca de 4,5 milhões de trajectos diários no interior da aglomeração, dos quais quase 60% são trajectos pendulares entre casa e trabalho ou casa e estudo.

b) Uma forte polarização dos fluxos para Rabat, que concentra a maior parte dos empregos administrativos e de nível superior. Mais de 200 000 pessoas que vivem em Sale e 100 000 em Temara deslocam-se diariamente para Rabat para trabalhar.

c) Um aumento dos fluxos transversais entre Sale e Temara, reflectindo a emergência de novos centros económicos nestes municípios.

d) O automóvel predomina na repartição modal (45% das

deslocações), seguido das deslocações a pé (30%), dos transportes públicos (20%, dos quais 7% para o elétrico) e dos veículos de duas rodas (5%).

Estes fluxos de mobilidade põem em evidência a crescente interdependência entre as diferentes partes da aglomeração, ao mesmo tempo que evidenciam os desafios em termos de congestionamento rodoviário e de saturação dos transportes públicos nas horas de ponta.

A gestão destes fluxos pendulares constitui um desafio importante para o planeamento metropolitano. As autoridades locais são confrontadas com a necessidade de desenvolver uma abordagem integrada da mobilidade à escala da aglomeração, ligando as políticas de transportes e as estratégias de utilização dos solos. Projectos como a extensão da rede de eléctricos, a criação de linhas de Bus Rapid Transit (BRT) e o desenvolvimento de interfaces multimodais estão atualmente a ser estudados com vista a melhorar a fluidez das deslocações e a reforçar a coesão territorial da metrópole.

111. Formas de integração e interdependências funcionais 3.1 Complementaridades económicas intersectoriais 3.1.1 Áreas de emprego e mercados de trabalho

Em termos de áreas de emprego e de mercados de trabalho, a aglomeração apresenta uma estrutura policêntrica marcada por especializações territoriais distintas. Existem três grandes áreas de emprego:

a) Rabat, que concentra a maior parte dos empregos administrativos e das funções metropolitanas superiores, nomeadamente nos sectores da governação pública, da investigação e do ensino superior.

b) Venda, caracterizada por um tecido económico mais diversificado, combinando actividades industriais tradicionais (têxteis, agro-alimentares) com a emergência de novos sectores, como as tecnologias da informação e da comunicação (TIC).

c) Temara é um centro industrial e logístico em rápido crescimento, que alberga vários parques empresariais.

Esta distribuição espacial dos empregos gera fluxos de trabalho significativos entre as diferentes partes da aglomeração. Segundo um estudo recente da Agence Urbaine de Rabat-Sale (2022, p. 56), quase 40% dos activos que vivem em Sale e 35% dos que vivem em Temara trabalham diariamente em Rabat, o que demonstra a crescente interdependência dos mercados de trabalho locais.

Simultaneamente, verifica-se uma tendência para a especialização funcional dos diferentes centros urbanos, o que contribui para reforçar as complementaridades económicas à escala metropolitana. É o caso da emergência de clusters económicos integrados, como o complexo automóvel em torno da fábrica da Renault-Nissan em Tânger, que se repercute no conjunto da conurbação Rabat-Sale-Temara através do desenvolvimento de subcontratantes e de serviços conexos.

3.1.2 Actividades produtivas e serviços terciários

Em termos de actividades produtivas e de serviços terciários, a aglomeração Rabat-Sale-Temara apresenta um panorama económico diversificado, caracterizado por uma forte terciarização, mas também pela manutenção de um tecido industrial significativo. De acordo com os dados da Diretion de la Statistique du Maroc (2023, p. 34), a repartição setorial do emprego na aglomeração é a seguinte

- Serviços: 65% (incluindo 25% para a administração pública)
- Indústria: 20%.
- Construção: 10% do total
- Agricultura: 5% das vendas

Esta estrutura económica reflecte a coexistência de várias dinâmicas:

a) Uma concentração de serviços de elevado valor acrescentado em Rabat, nomeadamente nos domínios das finanças, da consultoria empresarial e da investigação e desenvolvimento. O projeto Technopolis, lançado em 2008, ilustra esta vontade de posicionar a cidade como um pólo de inovação e de serviços avançados. A manutenção de um tecido industrial diversificado, nomeadamente em Sale e Temara, com especializações na indústria alimentar, têxtil, mecânica e, mais recentemente, eletrónica e automóvel. A zona industrial de Ain El Aouda tem

Temara é um exemplo emblemático desta dinâmica produtiva.

b) O crescimento da economia digital e criativa, que se reflecte no desenvolvimento de clusters especializados, como o Technopark de Rabat, que promove sinergias entre empresas em fase de arranque, grandes empresas e instituições de investigação.

Estas complementaridades intersectoriais traduzem-se por uma intensificação das trocas económicas no interior da aglomeração. A subcontratação e as parcerias entre empresas localizadas em diferentes pontos da área metropolitana estão a aumentar, contribuindo para reforçar a integração funcional do tecido económico.

No entanto, esta dinâmica é também acompanhada de grandes desafios em termos de coesão territorial e de distribuição equilibrada das actividades económicas. A concentração persistente de empregos qualificados em Rabat levanta questões sobre a capacidade de outros centros urbanos reterem e atraírem talentos, enquanto a requalificação de zonas industriais abandonadas em áreas centrais levanta questões de renovação urbana e de combinação funcional.

3.2 Instalações e serviços metropolitanos

3.2.1 Instalações educativas, sanitárias e recreativas...

A aglomeração de Rabat-Sale-Temara caracteriza-se por uma concentração significativa de infra-estruturas metropolitanas, embora com uma distribuição espacial desigual que reflecte legados históricos e dinâmicas de desenvolvimento recentes.

No domínio da educação, Rabat está a afirmar a sua preeminência como grande centro universitário nacional. A Universidade Mohammed V, repartida por vários campus, acolhe mais de 80 000 estudantes e exerce uma influência que ultrapassa largamente os limites da cidade (Ministério do Ensino Superior de Marrocos, 2022, p. 45). Esta concentração de estabelecimentos de ensino superior reflecte-se em importantes fluxos pendulares de estudantes provenientes de Sale e Temara, reforçando a integração funcional da área metropolitana.

No que diz respeito às infra-estruturas sanitárias, a aglomeração beneficia de uma rede relativamente densa, com instalações de ponta que predominam em Rabat. O Centre Hospitalier Universitaire Ibn Sina e o Hopital Cheikh Zayd são referências nacionais, atraindo pacientes de toda a região (Ministério da Saúde de Marrocos, 2023, p. 78).

No entanto, estão a ser envidados esforços para restabelecer o equilíbrio, com a construção de novos hospitais em Sale e Temara para melhorar o acesso aos cuidados de saúde em toda a área metropolitana.

Os equipamentos culturais e de lazer de importância metropolitana também se concentram principalmente em Rabat, com infra-estruturas emblemáticas como o Teatro Nacional Mohammed V, o Museu de Arte Moderna e Contemporânea Mohammed VI e o complexo desportivo Príncipe Moulay Abdellah. No entanto, projectos recentes revelam uma vontade de diversificar a oferta cultural e de lazer em toda a cidade.

3.2.2 Centros comerciais e pólos de atração

A estrutura comercial da aglomeração de Rabat-Sale-Temara sofreu profundas alterações nas duas últimas décadas, com a emergência de novos centros que estão a redesenhar a geografia dos fluxos de consumo à escala metropolitana.

O centro da cidade de Rabat continua a ser muito atrativo, sobretudo nas ruas comerciais tradicionais, como a Avenida Mohammed V. No entanto, verifica-se uma tendência para a proliferação de centros comerciais periféricos, que estão a emergir como verdadeiros pólos metropolitanos. Por exemplo, o mega centro comercial Morocco Mall Rabat, que abrirá brevemente na fronteira entre Rabat e Temara, está a gerar fluxos de consumidores de toda a cidade e de fora dela.

Em Sale, o desenvolvimento da marina e o projeto Bab Al Bahr contribuíram para o aparecimento de um novo centro comercial e de lazer, reforçando a atratividade da cidade no seio da aglomeração.

Em Temara, a zona comercial em torno da Avenida Hassan II está a tornar-se gradualmente um pólo de atração para as pessoas que vivem nos bairros periféricos em rápido crescimento.

Esta reconfiguração dos centros comerciais é acompanhada por mudanças nas práticas de consumo e de lazer à escala metropolitana. Como mostra um inquérito realizado pela Agence Urbaine de Rabat-Sale (2022, p. 112), cerca de 40% dos habitantes de Sale e Temara visitam regularmente os grandes centros comerciais de Rabat, enquanto

25% dos habitantes de Rbatis visitam as novas zonas comerciais de Sale ou Temara pelo menos uma vez por mês.
No entanto, esta proliferação de pólos de atração levanta problemas em termos de mobilidade e acessibilidade. O congestionamento rodoviário na periferia dos grandes centros comerciais e a saturação dos transportes públicos nas horas de ponta demonstram a necessidade de uma melhor coordenação entre o planeamento comercial e a política de transportes a nível metropolitano.

3.3 Governação metropolitana e cooperação institucional

3.3.1 Estratégias de desenvolvimento conjunto

A elaboração de estratégias comuns de desenvolvimento da aglomeração Rabat-Sale-Temara tornou-se progressivamente uma necessidade face aos desafios da expansão urbana, da mobilidade e da coesão territorial. Esta evolução ocorre num contexto de tomada de consciência das interdependências funcionais entre as diferentes componentes da área metropolitana.
O Plano Diretor de Desenvolvimento Urbano de Rabat-Sale-Temara (SDAU), adotado em 2015, representa um ponto de viragem importante nesta abordagem concertada. Este documento de planeamento estratégico, elaborado sob a égide da Agence Urbaine de Rabat-Sale, propõe uma visão integrada do desenvolvimento metropolitano até 2040 (Agence Urbaine de Rabat-Sale, 2015, p. 23). Coloca a tónica em objectivos comuns, como o controlo da expansão urbana, o reforço dos transportes públicos e a preservação das zonas periurbanas naturais.
Simultaneamente, surgiram projectos estruturantes à escala metropolitana que favorecem uma abordagem concertada do desenvolvimento. O projeto de desenvolvimento do vale do Bouregreg, pilotado pela Agência para o Desenvolvimento do Vale do Bouregreg (AAVB), ilustra esta dinâmica. Este projeto ambicioso, que visa criar uma nova área metropolitana entre Rabat e Sale, exigiu a introdução de mecanismos inovadores de coordenação entre as diferentes colectividades locais envolvidas.
No entanto, a aplicação efectiva destas estratégias comuns de desenvolvimento continua a deparar-se com obstáculos institucionais e

políticos. As dificuldades ligadas à harmonização dos documentos locais de urbanismo (planos de ordenamento) com as orientações do SDAU reflectem as tensões entre a lógica comunal e a visão metropolitana.

3.3.2 Organismos de coordenação supra-municipal

Em resposta à crescente complexidade das questões metropolitanas, foram criados novos organismos de coordenação supra-municipal, com o objetivo de reforçar a coerência das políticas públicas à escala da aglomeração.

O Etablissement de Cooperation Intercommunale (ECI) Al Assima, criado em 2011, representa um avanço significativo nesta direção. Reunindo os municípios de Rabat, Sale, Temara e vários municípios periféricos, este organismo é responsável pela coordenação das políticas de transportes, de gestão de resíduos e de saneamento à escala metropolitana (Ministério do Interior de Marrocos, 2021, p. 45).

A criação da Agência de Desenvolvimento Rabat-Sale-Kenitra em 2015 marca uma nova etapa na governação metropolitana. Esta estrutura, que funciona ao nível da região administrativa, tem por missão promover o desenvolvimento económico e a atratividade da região, favorecendo as sinergias entre os intervenientes públicos e privados.

Apesar destes avanços, subsistem desafios em termos de governação metropolitana:

a) A persistente fragmentação das responsabilidades entre os diferentes níveis de governo (municípios, prefeituras, regiões) e as agências especializadas.

b) Dificuldades de coordenação das estratégias sectoriais (transportes, habitação, desenvolvimento, etc.).
à escala metropolitana.

c) A falta de recursos financeiros próprios das entidades de coordenação supra-municipal, o que limita a sua capacidade de ação.

Para responder a estes desafios, estão atualmente em curso discussões sobre alterações ao quadro institucional da governação metropolitana.

Conclusão

Este artigo, sobre a integração funcional dos espaços urbanos no contexto da metrópole económica de Rabat-Sale-Temara, evidenciou várias dinâmicas e questões significativas, ao mesmo tempo que deu contributos teóricos e empíricos para a compreensão dos processos de metropolização no contexto dos países emergentes.

- Resumo dos principais resultados e contributos teóricos :

-A análise histórica do desenvolvimento da conurbação revelou um processo complexo de aproximação espacial e de integração funcional, marcado por dinâmicas centrífugas e fenómenos de conurbação. Estas observações corroboram as teorias sobre a evolução das regiões urbanas funcionais, sublinhando ao mesmo tempo a especificidade das trajectórias urbanas no contexto marroquino.

- O estudo das infra-estruturas de comunicação e dos padrões de deslocação pendular evidenciou a intensificação dos fluxos e das interdependências entre os diferentes centros urbanos da aglomeração. Estes resultados confirmam a importância das redes de transporte na estruturação das áreas metropolitanas.
- A análise das complementaridades económicas inter-sectoriais revelou a emergência de especializações funcionais e de sinergias produtivas à escala metropolitana. Estas observações enriquecem as teorias sobre os sistemas produtivos metropolitanos, pondo em evidência os processos de integração económica num contexto de transição.
- A análise da distribuição dos equipamentos e serviços urbanos com impacto metropolitano evidenciou a importância dos novos centros comerciais e culturais na reconfiguração das práticas espaciais à escala da aglomeração. Estes resultados ajudam a aperfeiçoar a nossa compreensão das dinâmicas de polarização e multipolarização nas metrópoles emergentes.
- A análise das estratégias de desenvolvimento concertado e dos organismos de coordenação supramunicipal evidenciou os progressos e os desafios persistentes da governação metropolitana. Estas observações permitem refletir sobre os modelos teóricos de governação

adaptados às realidades complexas das metrópoles contemporâneas.

Limitações e perspectivas da investigação :

Apesar destes contributos significativos, o presente estudo tem algumas limitações que abrem perspectivas de investigação futura:

- A disponibilidade limitada de dados quantitativos recentes e fiáveis sobre certos aspectos da integração funcional (fluxos económicos intersectoriais, mobilidade em pequena escala) constitui uma limitação importante. O desenvolvimento de instrumentos de recolha e análise de dados mais eficazes à escala metropolitana parece ser uma área de investigação promissora.
- O estudo centrou-se principalmente na dinâmica no interior da aglomeração, sem examinar as relações com as zonas periurbanas e rurais circundantes. Uma análise mais aprofundada das interdependências urbano-rurais à escala da região metropolitana mais alargada enriqueceria a nossa compreensão dos processos de integração funcional.
- A dimensão comparativa com outras metrópoles marroquinas ou do Norte de África continua a ser limitada neste estudo. Uma investigação comparativa aprofundada permitiria obter uma imagem mais clara das especificidades e semelhanças da dinâmica metropolitana na região.
- Os impactos sociais e ambientais dos processos de integração funcional foram apenas parcialmente abordados. A investigação futura poderia centrar-se nas questões das desigualdades socio-espaciais e da sustentabilidade ambiental associadas à metropolização.
- Por último, a análise das inovações na governação metropolitana deve ser aprofundada, em especial explorando o potencial das abordagens participativas e das ferramentas digitais na gestão de áreas metropolitanas complexas.

Em conclusão, este artigo lança uma luz significativa sobre as dinâmicas de integração funcional em ação na aglomeração de Rabat-Sale-Temara, contribuindo assim para uma compreensão teórica e empírica mais rica dos processos de metropolização no contexto dos países emergentes. As perspectivas de investigação identificadas abrem caminho para investigações futuras que irão aperfeiçoar o nosso conhecimento das questões complexas envolvidas na gestão e no desenvolvimento das áreas metropolitanas contemporâneas.

Bibliografia :

- Agence Urbaine de Rabat-Sale (2015). Esquema do Diretor de Gestão Urbana de Rabat-Sale-Temara 2040. Rabat: AURS.
- Agência Urbana de Rabat-Sale (2021). Enquete menages-deplacements de l'agglomeration Rabat-Sale-Temara. Rabat: AURS.
- Agence Urbaine de Rabat-Sale (2022). Les pratiques de consommation dans l'agglomeration Rabat-Sale-Temara. Rabat: AURS.
- Chapon, P.-M. (2020). Regiões urbanas funcionais: conceitos e aplicações. Economica.
- Cusin, F., & Lefebvre, C. (2018). La question metropolitaine : les politiques a l'epreuve du changement d'echelle. PUF.
- Direção da Estatística do Marrocos (2023). Anuário Estatístico da Região Rabat-Sale-Kenitra. Rabat: HCP.
- Dupuy, G., & Israelo, L. (2022). Les reseaux techniques urbains: nouvelles approches, nouveaux enjeux. Armand Colin.
- EL AZIZI EL ALAOUI .A ,FATEH A. The Geomarketing and the competitiveness of the spaces urban Morocco, Revue Emirati Journal of Business, Economics and Social Studies, 2024, pp 66-78.
- FATEH A. (2023) et Al. (Coordi.), Espace periurbains dynamiques et strategies de planification et de gestion coordination, Publication de la Faculte des Lettres et des Sciences Humaines, Universite Mohammed V Rabat, Rabat, 2023.
- Abdelali FATEH (Coordi.) 2023: Transformações e formas de adaptação dos espaços rurais, Tomo 2, Publicação da Faculdade de Letras e Ciências Humanas, Universidade Mohammed V Rabat, 2 Tomes, Fr- Ar, 814p
- Halbert, L. (2018). A vantagem metropolitana. PUF.
- Halbert, L. (2021). Les metropoles : moteurs economiques a l'ere de la mondialisation. La Decouverte.
- Alto Comissariado do Plano do Marrocos (2022). Projecções

demográficas regionais 2020-2050. Rabat: HCP.

- Mohammed KAFSSI, Abdelali FATEH, Anas El ALAOUI Anas (2023). Planification stratégique durable et les enjeux de l'universite numerique au Maroc, Revue marocaine de l'education et de la recherche educative n° 10 /2023, 411383
- Lemarchand, N., & Mallet, S. (2019). Les temporalites urbaines a l'epreuve de la monopolisation. L'Harmattan.
- Ministério do Ensino Superior de Marrocos (2022). O ensino superior em números 2021-2022. Rabat: MESRSFC.
- Ministério do Interior de Marrocos (2021). Relatório sobre a cooperação intermunicipal em Marrocos. Rabat: DGCL.
- Ministério da Saúde de Marrocos (2023). Mapa sanitário da região de Rabat-Sale-Kenitra. Rabat: MS.
- Pinson, G., & Demaziere, C. (2017). Sistemas metropolitanos integrados. PUCA.
- Pumain, D., & Sanders, L. (2020). Teorias e modelos de urbanização. Economica.
- Sassen, S. (2021). The Global City: New York, London, Tokyo (3ª ed.). Princeton University Press.
- Chaimae TALHA-Abdelali FATEH, Mutações secretadas pelo processo de periurbanização: caso do centro Oulad Tayeb, in Espaces periurbains : dynamique et stratégies de planification, Coordination FATEH A. Rabat, 2023, 5-37.

A relação entre o planeamento estratégico sustentável e a competitividade urbana macro-espacial nas cidades costeiras marroquinas

Anas EL AZIZI EL ALAOUI[II]

Currículo :

O planeamento estratégico sustentável é uma abordagem essencial para reforçar a competitividade urbana macro-espacial das cidades costeiras marroquinas. Num contexto global marcado por crescentes desafios ambientais, a adoção de uma gestão urbana holística e proactiva é crucial. Dada a sua posição geográfica estratégica e o seu considerável potencial económico, as cidades costeiras marroquinas enfrentam desafios específicos relacionados com a sua localização costeira, tais como a erosão costeira, a gestão dos recursos marinhos e a pressão demográfica.

O planeamento estratégico sustentável proporciona um quadro concetual e operacional para a integração dos princípios do desenvolvimento sustentável nas políticas urbanas, conciliando as dimensões económica, social e ambiental numa perspetiva de longo prazo. Esta abordagem torna as cidades mais resilientes e competitivas, tornando-as mais atractivas para o investimento, estimulando a inovação e oferecendo uma melhor qualidade de vida aos cidadãos.

Palavras-chave: Planeamento estratégico sustentável, Competitividade urbana, Cidades costeiras marroquinas, Desenvolvimento sustentável, Gestão urbana, Resiliência urbana.

Introdução :

> **Contexto geral e específico :**

O planeamento estratégico sustentável está a emergir como um método essencial para alcançar a competitividade urbana, particularmente nas cidades costeiras marroquinas que enfrentam desafios complexos. Este processo visa integrar as dimensões ambiental, económica, social e

II *Faculdade de Letras e Ciências Humanas, Universidade Mohammed V, Rabat* urbana numa perspetiva holística e de longo prazo. A sua importância reside na sua capacidade de aumentar a competitividade urbana, melhorando a atratividade, a resiliência e a sustentabilidade das cidades. Os elementos-chave desta abordagem incluem a análise interna e externa, a visão, a definição de objectivos, o desenvolvimento de estratégias, a implementação e o acompanhamento.

Por outro lado, a competitividade urbana macro-espacial das cidades costeiras marroquinas é de importância crucial, englobando dimensões económicas, infra-estruturais, ambientais e de governação. No entanto, estas cidades enfrentam desafios específicos, como a erosão costeira, a gestão dos recursos marinhos e a pressão demográfica, bem como oportunidades de desenvolvimento económico e integração regional. O ordenamento do território desempenha, por conseguinte, um papel fundamental na integração do planeamento estratégico sustentável e da competitividade urbana, através de políticas e instrumentos adequados, bem como de uma governação eficaz que envolva as instituições em causa.

> **Problemas e questões :**

Num contexto de globalização urbana e de desafios ambientais crescentes, *como pode o planeamento estratégico sustentável contribuir para reforçar a competitividade urbana macro-espacial das cidades marroquinas, assegurando simultaneamente um desenvolvimento territorial equilibrado e sustentável?*

A questão central pode ser dividida em sub-perguntas:

1. Quais são os principais problemas e desafios que as cidades costeiras marroquinas enfrentam em termos de competitividade urbana macro-espacial?

2. Como pôr em prática um planeamento estratégico sustentável no contexto específico das cidades costeiras marroquinas, integrando as dimensões ambiental, económica, social e urbana?

3. Quais são os principais factores de sucesso para a implementação eficaz de um planeamento estratégico sustentável para aumentar a competitividade urbana das cidades costeiras (governação, participação das partes interessadas, financiamento, etc.)?

4. Que papel podem desempenhar as políticas de ordenamento do território e os instrumentos de gestão urbana no apoio à integração do planeamento estratégico sustentável e da competitividade urbana?

5. Como podem as cidades costeiras marroquinas tirar partido da sua posição geográfica e do seu potencial económico, preservando simultaneamente o seu ambiente natural e a sua qualidade de vida?

6. Como é que a cooperação regional e a integração em redes de cidades podem contribuir para reforçar a competitividade urbana macro-espacial das cidades marroquinas?

Este problema e estas questões de investigação visam explorar as relações complexas entre o planeamento estratégico sustentável, a competitividade urbana e o desenvolvimento territorial equilibrado no contexto específico das cidades costeiras marroquinas.

I: O planeamento estratégico sustentável como método para alcançar a competitividade urbana

O planeamento estratégico sustentável está a emergir como um método essencial para aumentar a competitividade das cidades num ambiente globalizado e face aos desafios do desenvolvimento sustentável. Ao integrar as dimensões ambiental, económica, social e urbana de uma forma holística, esta abordagem permite às cidades desenvolver estratégias a longo prazo destinadas a conciliar o crescimento económico, a preservação dos recursos naturais e o bem-estar das populações.

O planeamento estratégico sustentável oferece, assim, um quadro concetual e operacional para melhorar a atratividade, a resiliência e a sustentabilidade dos ambientes urbanos, factores-chave da sua competitividade num contexto de concorrência crescente entre territórios. Graças a uma visão integrada, à participação ativa das partes interessadas e à adaptação às especificidades locais, esta metodologia permite às cidades posicionarem-se de forma vantajosa em termos económicos, ambientais e sociais.

1.1 Conceito de planeamento estratégico sustentável e suas dimensões (ambiental, económica, social, urbana) O planeamento estratégico sustentável é uma abordagem integrada que visa conciliar os imperativos do desenvolvimento económico, da proteção do ambiente e da equidade social numa perspetiva de longo prazo.

Tabela (01): Dimensões do planeamento estratégico sustentável

Dimensão	Descrição	Elementos-chave
Ambiental	*Preservação dos recursos naturais, gestão sustentável dos ecossistemas, redução dos impactos ambientais negativos.*	> Proteção da biodiversidade > Luta contra as alterações climáticas > Gestão dos resíduos e da água > Utilização sustentável dos recursos > Desenvolver as energias renováveis
Económico	*Desenvolvimento de actividades económicas viáveis e competitivas, distribuição equitativa da riqueza.*	> Criar empregos sustentáveis > Apoio à inovação e ao espírito empresarial > Promover os circuitos curtos e a economia circular > Atrair investimento responsável > Desenvolvimento de sectores económicos sustentáveis
Dimensão	**Descrição**	**Elementos-chave**
Social	*Promover a inclusão, a coesão e o bem-estar da comunidade, satisfazendo as necessidades básicas.*	> Acesso equitativo aos serviços essenciais > Luta contra a pobreza e a desigualdade > Promover a saúde e a educação > Respeito pela diversidade cultural > Participação dos cidadãos e governação inclusive
Urbano	*Planeamento e gestão de*	> Desenvolvimento urbano

	zonas urbanas, integrando preocupações relacionadas com o ambiente construído, os transportes, as infra-estruturas e os serviços.	sustentável > Mobilidade sustentável e transportes públicos > Habitação acessível e de qualidade > Espaços verdes e locais de encontro > Infra-estruturas resistentes aos riscos

Fonte : *Tanguay, G. A., Rajaonson, J., Lefebvre, J. F., & Lanoie, P. (2010). Measuring the sustainability of cities: An analysis of the use of local indicators. Indicadores Ecológicos, 10(2), 407-418.*

Esta abordagem baseia-se em quatro dimensões interdependentes: ***A dimensão ambiental*** centra-se na preservação dos recursos naturais, na gestão sustentável dos ecossistemas e na redução dos impactos ambientais negativos (Zuindeau, 2000).

A dimensão económica centra-se no desenvolvimento de actividades económicas viáveis e competitivas, assegurando simultaneamente uma distribuição equitativa da riqueza.

A dimensão social tem por objetivo promover a inclusão, a coesão e o bem-estar das comunidades através da satisfação das suas necessidades básicas.

Por último, ***a dimensão urbana*** diz respeito ao planeamento e à gestão das zonas urbanas, incorporando preocupações sobre o ambiente construído, os transportes, as infra-estruturas e os serviços (Thouvenot, 2007).

Ao integrar estas quatro dimensões no planeamento estratégico sustentável, podemos adotar uma visão sistémica do desenvolvimento urbano, promovendo a resiliência das cidades face aos desafios ambientais, económicos e sociais.

Esta abordagem incentiva a participação ativa das partes interessadas, a colaboração intersectorial e a consideração das especificidades locais no desenvolvimento de estratégias a longo prazo (Laigle, 2009). Oferece assim um quadro concetual e operacional para alcançar um equilíbrio entre os objectivos de crescimento económico, proteção ambiental e bem-estar social em ambientes urbanos.

1.2 A importância do planeamento estratégico sustentável para o reforço da competitividade urbana

O planeamento estratégico sustentável é crucial para aumentar a competitividade urbana num mundo em constante mudança. Esta abordagem holística visa ter em conta as questões económicas, sociais e ambientais no desenvolvimento das cidades, garantindo assim a sua sustentabilidade e atratividade a longo prazo. Como salientam Beal, Courville e Despres (2011, p. 23), "*o planeamento estratégico sustentável faz parte de uma lógica de desenvolvimento territorial integrado, combinando competitividade económica, equidade social e preservação do ambiente natural e construído*".

De facto, a competitividade urbana já não é apenas económica, mas abrange agora também a qualidade de vida, a atratividade residencial e a sustentabilidade ambiental. Uma cidade sustentável que ofereça um ambiente de vida saudável, infra-estruturas de qualidade e oportunidades de emprego diversificadas estará em melhor posição para atrair e reter talentos, empresas e investimentos.

Além disso, o planeamento estratégico sustentável permite antecipar os desafios futuros relacionados com as alterações climáticas, a escassez de recursos e a transição energética. Ao incorporar estas questões na fase de planeamento, as cidades podem pôr em prática medidas de adaptação e resiliência, garantindo assim a sua competitividade a longo prazo.

Por último, a participação dos cidadãos e a consulta das várias partes interessadas são elementos-chave do planeamento estratégico sustentável (Beal et al., 2011, p. 37). Esta abordagem inclusiva incentiva o apoio público aos projectos de desenvolvimento urbano, reforça a coesão social e contribui para a atratividade da cidade.

1.3 Elementos-chave do planeamento estratégico sustentável (análise interna/externa, visão, objectivos, estratégias, implementação, acompanhamento)

O planeamento estratégico sustentável é um processo crucial para garantir a sustentabilidade e o sucesso a longo prazo de uma organização. Este processo implica uma análise aprofundada dos ambientes interno e externo, a definição de uma visão clara, o estabelecimento de objectivos ambiciosos, a formulação de estratégias pertinentes, a aplicação eficaz dessas estratégias e um acompanhamento rigoroso.

Figura (01): a abordagem do planeamento estratégico sustentável

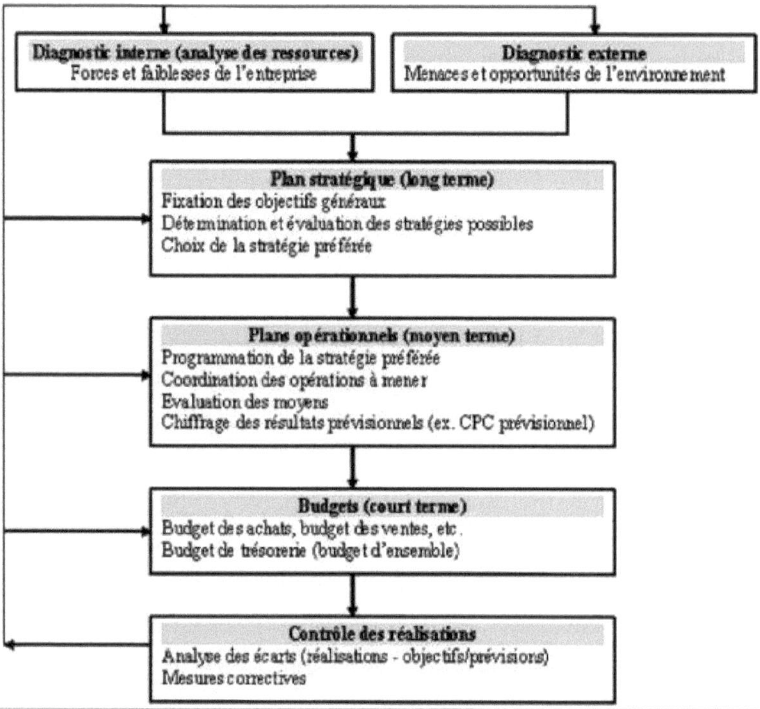

Fonte :
https://lewebpedagogique.com/oubejja/2020/03/26/planification-strategique/

A análise interna e externa é uma etapa essencial para identificar os pontos fortes, os pontos fracos, as oportunidades e as ameaças que a organização enfrenta. A análise interna avalia os recursos, as competências e as capacidades da organização, enquanto a análise externa examina os factores ambientais, como as tendências do mercado, a concorrência, a regulamentação e as preocupações sociais (Leroy, 2008).

Figura (02): Análise SWOT do ambiente externo e interno

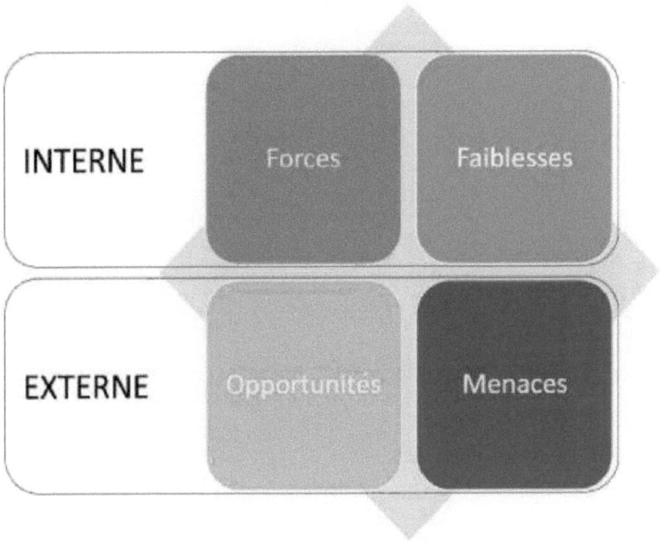

Fonte :
https://www.heflo.com/fr/blog/rh/comment-faire-une-analyse-swot/

A visão estratégica é um elemento-chave que define a direção futura desejada da organização e orienta as suas decisões e acções. Deve ser inspiradora, realista e estar alinhada com os valores e princípios de sustentabilidade da organização.

Os objectivos estratégicos são metas específicas, mensuráveis, realizáveis, realistas e calendarizadas (SMART) que decorrem da visão e reflectem as prioridades da organização (Girerd-Potin, 1998). Devem ser equilibrados entre as dimensões económica, ambiental e social para garantir uma abordagem holística do desenvolvimento sustentável.

As estratégias são planos de ação concebidos para atingir os objectivos fixados. Devem ser adaptadas aos recursos e capacidades da organização, tendo em conta os desafios e oportunidades identificados na análise interna e externa.

Figura (03): Processo de planeamento urbano estratégico

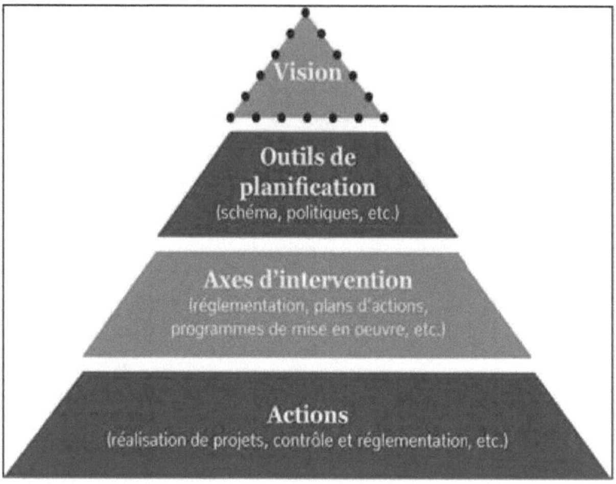

Fonte :
https://www.heflo.com/fr/blog/rh/comment-faire-une-analyse-swot/

A implementação de estratégias exige uma coordenação eficaz dos recursos humanos, financeiros e materiais, bem como uma comunicação clara e o envolvimento de todas as partes interessadas. Para que a implementação seja bem sucedida, são essenciais sistemas de gestão adequados, processos operacionais eficientes e uma cultura organizacional que conduza à mudança.

O acompanhamento e a avaliação contínuos são cruciais para medir os progressos, identificar os desvios em relação aos objectivos e ajustar as estratégias em conformidade. É necessário definir indicadores de desempenho relevantes, tanto quantitativos como qualitativos, para avaliar a realização dos objectivos económicos, ambientais e sociais.

Em suma, um planeamento estratégico sustentável eficaz requer uma análise aprofundada, uma visão clara, objectivos ambiciosos, estratégias bem pensadas, uma implementação rigorosa e uma monitorização constante. Isto permitirá à organização adaptar-se aos desafios emergentes, aproveitar as oportunidades e dar um contributo positivo para o desenvolvimento sustentável.

II: A competitividade urbana macro-espacial das cidades costeiras marroquinas

Com mais de 3500 quilómetros de costa atlântica e mediterrânica, Marrocos é o lar de uma multiplicidade de cidades costeiras que desempenham um papel crucial no desenvolvimento económico e social do país. Estas cidades são portas de entrada estratégicas para o comércio internacional, o investimento estrangeiro e o turismo. No entanto, no atual contexto de globalização e de concorrência acrescida entre regiões, a competitividade destas cidades costeiras é de importância primordial para assegurar a sua atratividade, o seu crescimento sustentável e a sua influência à escala nacional e internacional.

A competitividade urbana macro-espacial engloba uma multiplicidade de factores como a acessibilidade e a conetividade, as infra-estruturas de transporte e de comunicação, a qualidade de vida, o ambiente empresarial, a mão de obra qualificada, os pólos económicos de excelência, os centros de investigação e de inovação, bem como a governação e as políticas públicas. Por conseguinte, é essencial analisar estas diferentes dimensões para compreender os pontos fortes e os desafios que as cidades costeiras marroquinas enfrentam e para identificar as alavancas de ação que irão reforçar a sua competitividade e atratividade a longo prazo.

2.1 Conceito de competitividade urbana macro-espacial e suas dimensões (económica, infra-estruturas, ambiente natural/qualidade de vida, governação)

O conceito de competitividade urbana macro-espacial refere-se à capacidade de uma cidade ou região urbana para atrair e manter a atividade económica, o investimento e o talento, oferecendo simultaneamente um ambiente de vida de elevada qualidade conducente ao desenvolvimento sustentável. Esta competitividade baseia-se em várias dimensões interdependentes:

Dimensão económica:

- *Um tecido económico diversificado e dinâmico (sectores de atividade, empresas, empregos)*
- *Presença de centros de excelência e de agrupamentos de actividades de elevado valor acrescentado*
- *Acesso aos mercados regionais, nacionais e internacionais*
- *Disponibilidade de mão de obra qualificada e produtiva*

- *Um ambiente propício à inovação e à empreendedorismo*

Dimensão das infra-estruturas:

- *Redes de transporte eficientes (rodoviário, ferroviário, aéreo e marítimo)*
- *Infra-estruturas de comunicações e tecnologias da informação de elevado desempenho*
- *Equipamentos urbanos modernos (água, eletricidade, esgotos)*
- *Infra-estruturas logísticas e plataformas multimodais* **Dimensão do ambiente natural e do ambiente de vida:**
- *Qualidade ambiental (ar, água, espaços verdes)*
- *Gestão sustentável dos recursos naturais*
- *Equipamentos urbanos (espaços públicos, instalações culturais e desportivas)*
- *Habitação diversificada e a preços acessíveis*
- *Segurança e qualidade dos serviços públicos*

Dimensão da governação :

- *Eficiência da gestão urbana e das políticas públicas*
- *Colaboração entre os actores públicos, privados e da sociedade civil*
- *Capacidade de inovação e de adaptação à mudança*
- *Atratividade e influência da cidade à escala nacional e internacional*
- *Ter em conta as questões do desenvolvimento sustentável*

A competitividade urbana macro-espacial resulta da sinergia entre estas diferentes dimensões, que permitem a uma cidade destacar-se da multidão, atrair investimentos e talentos e promover o bem-estar dos seus cidadãos numa perspetiva de desenvolvimento sustentável.

2.2 Factores que influenciam a competitividade urbana macro-espacial das cidades costeiras marroquinas

A conetividade e a acessibilidade são trunfos importantes para as cidades costeiras, graças às suas infra-estruturas portuárias, que facilitam o comércio e o transporte marítimo. No entanto, como

salientam Hamdouch, Khennas e Zaoual (2011), o desempenho logístico destas cidades continua a ser prejudicado por défices nas infra-estruturas rodoviárias, ferroviárias e aeroportuárias, o que limita a sua integração nas redes de transportes regionais e internacionais.
O potencial económico das cidades costeiras marroquinas assenta principalmente em actividades ligadas ao mar, como a pesca, a construção naval e o turismo de praia. No entanto, a diversificação das actividades económicas e a emergência de sectores de elevado valor acrescentado, como as tecnologias da informação e da comunicação, continuam a ser limitadas nestas cidades, o que prejudica a sua competitividade.
O ambiente natural e a qualidade de vida desempenham também um papel decisivo na atratividade das cidades costeiras marroquinas. No entanto, muitas cidades costeiras enfrentam problemas ambientais graves, como a poluição das águas costeiras, a degradação dos ecossistemas marinhos e costeiros e a pressão urbana sobre os recursos naturais, que ameaçam a sua sustentabilidade.
A governação urbana é outro fator fundamental para a competitividade das cidades costeiras marroquinas. Estas cidades enfrentam desafios de planeamento e gestão urbanos, caracterizados por uma coordenação deficiente entre os diferentes níveis de governação, um planeamento setorial fragmentado e uma participação limitada dos intervenientes locais nos processos de tomada de decisão.

2.3 Desafios e oportunidades para aumentar a competitividade

As cidades costeiras de Marrocos enfrentam uma série de desafios para reforçar a sua competitividade urbana macro-espacial, mas também têm oportunidades promissoras a aproveitar. Os principais desafios incluem :
O desafio da conetividade e da acessibilidade, devido à falta de infra-estruturas de transporte terrestre, aéreo e ferroviário que liguem estas cidades aos principais mercados nacionais e internacionais. Este défice dificulta os fluxos comerciais e a mobilidade das pessoas e das mercadorias.
O desafio da diversificação económica, porque muitas cidades costeiras

ainda dependem fortemente de actividades tradicionais ligadas ao mar, como a pesca e o turismo de praia, o que torna as suas economias vulneráveis a choques externos.

O desafio ambiental, ligado à pressão urbana sobre os recursos naturais costeiros, à poluição marinha e à degradação dos ecossistemas costeiros, ameaça a sustentabilidade destas cidades e a sua atratividade para os turistas.

O desafio da governação urbana, evidenciado pela falta de coordenação entre os diferentes níveis de decisão, pela fragmentação do planeamento setorial e pela participação limitada dos actores locais nos processos de desenvolvimento.

Apesar destes desafios, as cidades costeiras marroquinas dispõem também de oportunidades para aumentar a sua competitividade, tais como :

A oportunidade de ***tirar o máximo partido da sua posição estratégica*** como portas marítimas para o comércio internacional, através do desenvolvimento de plataformas logísticas e de zonas de actividades económicas integradas.

A oportunidade de ***diversificar as suas economias para sectores emergentes de elevado valor acrescentado***, como as indústrias ecológicas, as tecnologias da informação e da comunicação e os serviços às empresas.

A oportunidade de ***preservar e valorizar o seu património natural e cultural,*** através da promoção do turismo sustentável e do desenvolvimento de projectos de ecoturismo costeiro.

A oportunidade ***de reforçar a sua governação urbana através da adoção de abordagens participativas que envolvam os vários actores locais,*** da promoção da cooperação intermunicipal e da integração dos princípios do desenvolvimento sustentável nas estratégias de planeamento urbano.

Para aproveitar estas oportunidades e responder a estes desafios, uma visão estratégica e uma mobilização concertada dos actores públicos, privados e da sociedade civil são indispensáveis para reforçar a competitividade urbana macro-espacial das cidades costeiras marroquinas numa perspetiva de desenvolvimento sustentável.

III: O papel do ordenamento do território na integração do planeamento estratégico sustentável e da competitividade urbana

O ordenamento do território desempenha um papel fundamental na integração do planeamento estratégico sustentável e da competitividade urbana. Estes dois conceitos-chave não podem ser aplicados eficazmente sem uma abordagem global e coerente da organização espacial das actividades humanas e da gestão dos recursos naturais e patrimoniais.

O ordenamento do território assegura uma distribuição equilibrada e sustentável da população, das actividades económicas, das infra-estruturas e dos equipamentos em todo o país, tendo em conta as especificidades regionais e locais. Esta abordagem territorial, baseada numa visão estratégica de longo prazo e tendo em conta as dimensões económica, social e ambiental, é essencial para conciliar os objectivos de competitividade das cidades e das regiões com os do desenvolvimento sustentável (Mancebo, 2008). Deste modo, contribui para valorizar os trunfos e as potencialidades de cada região, reforçando a sua atratividade e influência, preservando simultaneamente os seus recursos naturais e o seu ambiente de vida para as gerações futuras.

3.1 A importância do ordenamento do território no planeamento urbano sustentável

O ordenamento do território é de importância crucial no planeamento urbano sustentável, dado que permite abordar os desafios de desenvolvimento que as cidades e regiões enfrentam numa perspetiva integrada e a longo prazo. O ordenamento do território proporciona um quadro coerente para conciliar os objectivos económicos, sociais e ambientais do desenvolvimento sustentável no âmbito de uma abordagem territorial.

Um dos principais contributos do ordenamento do território reside na sua capacidade de organizar e orientar o desenvolvimento urbano de forma racional e equilibrada. Como explicam Merlin e Choay (2015), esta disciplina permite orientar a localização e a implantação de actividades económicas, infra-estruturas, equipamentos e zonas residenciais, tendo em conta os recursos naturais, os condicionalismos ambientais e as especificidades locais. Isto ajuda a limitar a expansão urbana descontrolada, a preservar as zonas naturais e agrícolas e a incentivar uma utilização mais sustentável dos solos e dos recursos energéticos.

Além disso, o ordenamento do território incentiva uma abordagem integrada e participativa do planeamento urbano sustentável.

Esta disciplina implica a colaboração entre os diferentes actores locais, como as colectividades locais, as empresas, as associações e os cidadãos, a fim de definir uma visão comum do desenvolvimento urbano e de pôr em prática estratégias adaptadas às realidades do terreno.

O ordenamento do território permite igualmente ter em conta as interdependências e interações entre diferentes escalas territoriais, desde a local à nacional e mesmo transnacional. Esta abordagem multi-escalar é essencial para assegurar a coerência global das políticas de planeamento e desenvolvimento sustentável, promovendo a complementaridade e a sinergia entre territórios. Por último, o ordenamento do território fornece um quadro de integração do planeamento estratégico sustentável nas práticas de gestão urbana. Esta disciplina permite articular as diferentes estratégias sectoriais (economia, ambiente, mobilidade, habitação, etc.) numa visão de conjunto coerente, definindo objectivos a longo prazo e criando instrumentos de acompanhamento e de avaliação para ajustar as acções em conformidade.

3.2 Políticas e instrumentos de planeamento para apoiar o planeamento estratégico sustentável e a competitividade

As políticas e ferramentas de ordenamento do território desempenham um papel essencial no apoio ao planeamento estratégico sustentável e à competitividade urbana. As principais alavancas de ação incluem :

Os planos regionais de desenvolvimento sustentável (PRDS), que definem as grandes orientações estratégicas do ordenamento e do desenvolvimento do território. Estes planos permitem integrar os princípios do desenvolvimento sustentável nas políticas sectoriais (transportes, habitação, ambiente, etc.) e coordenar as acções dos diferentes actores regionais em torno de uma visão comum.

Os Sistemas de Coerência Territorial (SCoT), que são documentos de planeamento estratégico à escala intermunicipal. Os SCoT fornecem um quadro para a definição de objectivos de desenvolvimento económico, planeamento urbano sustentável, preservação dos recursos naturais e reforço da coesão social, tendo em conta as especificidades locais.

Os planos locais de ordenamento urbano (PLU), que estabelecem as regras de utilização do solo e de construção a nível local. Estes documentos permitem concretizar as orientações estratégicas definidas nos PCT, estabelecendo objectivos de densificação urbana, de diversidade funcional, de preservação dos espaços naturais e de qualidade de vida.

Projectos de desenvolvimento urbano (ZAC, eco-bairros, etc.), que constituem alavancas operacionais para pôr em prática no terreno os objectivos de desenvolvimento sustentável e de competitividade. Estas operações permitem desenvolver projectos inovadores em matéria de eficiência energética, de gestão dos recursos e de mobilidade sustentável, valorizando simultaneamente os trunfos e as potencialidades específicas de cada zona.

Instrumentos de governação local, como os conselhos de desenvolvimento, os sistemas de consulta e participação dos cidadãos e as parcerias público-privadas. Estas medidas encorajam uma abordagem concertada e inclusiva na definição e aplicação de estratégias de desenvolvimento sustentável, envolvendo todas as partes interessadas a nível local.

A articulação coerente destes diferentes instrumentos e políticas de ordenamento do território, através de uma visão estratégica e de uma abordagem integrada, apoiará eficazmente o planeamento estratégico sustentável e reforçará a competitividade das cidades e das regiões, preservando simultaneamente os recursos naturais e o ambiente de vida para as gerações futuras.

3.3 Papel das instituições e da governação urbana nesta integração

As instituições e a governação urbana desempenham um papel fundamental na integração do planeamento estratégico sustentável e da competitividade nas políticas de desenvolvimento territorial. Esta integração exige uma coordenação eficaz entre os diferentes actores envolvidos, uma visão partilhada do desenvolvimento territorial e mecanismos de decisão inclusivos.

Em primeiro lugar, as instituições públicas a diferentes níveis (nacional, regional, local) têm um papel fundamental a desempenhar na definição das orientações estratégicas e na aplicação das políticas de planeamento. Estas instituições devem assegurar a coerência vertical entre os diferentes níveis de planeamento (nacional, regional, local) e a coerência horizontal entre as diferentes políticas sectoriais (economia, ambiente, transportes, etc.).

Em segundo lugar, a governação urbana, baseada numa abordagem participativa e de colaboração, é essencial para incentivar o apoio e o envolvimento de todas as partes interessadas (autoridades locais, empresas, associações, cidadãos) nos processos de desenvolvimento sustentável. Esta governação partilhada significa que as questões e expectativas locais podem ser tidas em conta, que os recursos e competências de cada parte interessada podem ser aproveitados e que a legitimidade e a apropriação dos projectos locais podem ser reforçadas. Os instrumentos de governação urbana, como os conselhos de desenvolvimento, os sistemas de consulta e participação dos cidadãos e as parcerias público-privadas, desempenham um papel crucial nesta integração. Estes mecanismos incentivam uma abordagem concertada e inclusiva para definir e aplicar estratégias de desenvolvimento sustentável, envolvendo todas as partes interessadas a nível local.

Além disso, a colaboração entre as diferentes instituições e a coordenação das suas acções são essenciais para assegurar a coerência global das políticas de desenvolvimento. Esta coordenação pode assumir a forma de instâncias de governação territorial (conferências, comités de pilotagem, etc.) ou de instrumentos de planificação partilhada (esquemas de coerência territorial, projectos territoriais, etc.).

Por último, o reforço das capacidades institucionais e a melhoria da governação urbana são essenciais para que os princípios do planeamento estratégico sustentável e da competitividade sejam efetivamente integrados nas práticas de planeamento. Isto implica o desenvolvimento de competências técnicas, a criação de sistemas de acompanhamento e de avaliação e a promoção da transparência e da responsabilidade na gestão dos projectos territoriais.

Conclusão:

O planeamento estratégico sustentável é um elemento-chave para reforçar a competitividade urbana macro-espacial das cidades costeiras marroquinas. Esta abordagem holística visa harmonizar o desenvolvimento económico, a preservação do ambiente natural e o bem-estar social, numa perspetiva de longo prazo. A integração criteriosa dos princípios de sustentabilidade nas estratégias de planeamento urbano permite maximizar os activos geográficos e os recursos naturais das cidades costeiras, minimizando os impactos negativos nos ecossistemas frágeis.

A implementação de um planeamento estratégico sustentável incentiva a criação de infra-estruturas resilientes, a otimização dos transportes e da mobilidade urbana, a gestão eficiente dos recursos naturais e a promoção de actividades económicas sustentáveis. Estes elementos contribuem para melhorar a atratividade das cidades costeiras para investidores, talentos e turistas, reforçando assim a sua competitividade a uma escala macro-espacial.

Além disso, a integração de considerações sociais e ambientais no planeamento urbano sustentável permite preservar o património cultural e natural das regiões costeiras, promovendo assim uma melhor qualidade de vida para os residentes e uma experiência única para os visitantes. Esta abordagem holística posiciona as cidades costeiras marroquinas como destinos atractivos e sustentáveis, dando-lhes uma vantagem competitiva significativa face à crescente concorrência global.

Bibliografia :

- Aggeri, F., & Acquier, A. (2005). A teoria das convenções como instrumento de reflexão sobre a responsabilidade social das empresas. Finance Controle Strategie, 8(3), 97124.
- Azadi, H., Ho, P., Hafni, E., Zarafshani, K., & Witlox, F. (2011). Envolvimento de múltiplas partes interessadas e desempenho do espaço verde urbano. Journal of Environmental Planning and Management, 54(6), 785-811.
- Badariotti, D., Benos, R., & Lajarge, R. (2018). Strategies d'amenagement durable desterritories . Presses Universidades de Franche-Comte.
- Beal, V., Courville, M., & Despres, C. (2011). Planeamento estratégico e urbano: Rumo a um conhecimento comum? Presses de l'Universite Laval.
- Bechet, B., Le Bissonnais, A., Ruas, A., Agator, J.-M., Andrieu, D., Aubry, S., ... & Schmitt, B. (2017). Medição e valorização da natureza nos Schemas regionaux d'amenagement, de développement durable et d'egalite des territoires (SRADDET). Sciences Eaux & Territoires, (23), 28-33.
- Berramed, D. (2002). Os portos marroquinos no início do século XXI. Publicações da Revista de Geografia do Marrocos, Nova Série.
- Bourdin, A. (2010). L'urbanisme d'apres crise. Edições de l'Aube.
- Capron, M., & Quairel-Lanoizelee, F. (2007). Responsabilidade social das empresas. La Decouverte.
- Da Cunha, A. (2003). Desenvolvimento urbano sustentável, desafios e práticas. Edições Karthala.
- Dauvergne, P., & Neville, K. J. (2009). The changing North-South and South-South political economy of biofuels. Third World Quarterly, 30(6), 1087-1102.

Parte II

Educação, património e mistura arquitetónica para um desenvolvimento urbano sustentável

O planeamento urbano sustentável representa um grande desafio para as cidades modernas, que são chamadas a conciliar o desenvolvimento económico, a conservação do ambiente e o bem-estar dos seus cidadãos. Para atingir este objetivo ambicioso, é necessário considerar cuidadosamente três pilares fundamentais: a educação, o património e a mistura arquitetónica.

Antes de mais, a educação urbana sustentável é uma alavanca essencial para sensibilizar os cidadãos para os desafios ambientais e formar as gerações futuras nas profissões e competências necessárias para construir cidades inteligentes e resilientes. Nesta perspetiva, o conceito de universidade inteligente está a emergir como um modelo promissor, destinado a repensar radicalmente os métodos de ensino e investigação para responder aos desafios específicos do desenvolvimento urbano sustentável em Marrocos.

Ao mesmo tempo, a preservação e a promoção do rico património arquitetónico da cidade representam um grande desafio, mas também uma oportunidade única para combinar o passado e o futuro numa visão renovada do planeamento urbano. A cidade de Rabat, com o seu património histórico e a sua mistura arquitetónica que reflecte diferentes influências culturais, oferece um campo de estudo privilegiado para explorar formas de conciliar a preservação dos tesouros do passado com o desenvolvimento de uma arquitetura contemporânea que respeite os princípios do desenvolvimento sustentável.

Educação urbana sustentável, um pilar essencial para alcançar uma cidadania inteligente em Marrocos

Mohamed KAFSSI [3]

Currículo :

Num contexto de urbanização crescente e de desafios ambientais,

[3] *Faculdade de Ciências da Educação, Universidade Mohammed V, Rabat*

sociais e económicos complexos, a educação urbana sustentável está a emergir como uma questão crucial para as universidades marroquinas. Esta abordagem educativa tem como objetivo sensibilizar os alunos para os princípios do desenvolvimento sustentável nas zonas urbanas e equipá-los para contribuírem para a criação de cidades mais sustentáveis. Este artigo explora o papel essencial da educação urbana sustentável na concretização do modelo de universidade inteligente em Marrocos. Examina os desafios enfrentados pelas universidades marroquinas, as caraterísticas da universidade inteligente e as ligações entre a educação urbana sustentável e os pilares de sustentabilidade, inovação e transformação digital deste modelo.

O artigo analisa igualmente as estratégias e práticas pedagógicas que devem ser implementadas para integrar efetivamente a educação urbana sustentável no ensino superior marroquino. Por fim, destaca o impacto esperado desta abordagem na criação da universidade inteligente, em termos de sustentabilidade ambiental, inovação e competitividade.

Palavras-chave: educação urbana sustentável, universidade inteligente, desenvolvimento sustentável, sustentabilidade, ensino superior, Marrocos, inovação pedagógica, transformação digital, cidade sustentável, competências do século XXI, formação de estudantes.

Introdução:

- ***Contexto e questões :***

Num mundo em constante mudança, marcado por desafios ambientais, sociais e económicos cada vez mais complexos, a educação urbana sustentável é de importância crucial. Face à rápida urbanização, à degradação ambiental e às crescentes desigualdades sociais, é imperativo educar cidadãos responsáveis que tenham uma compreensão profunda das questões de sustentabilidade e sejam capazes de adotar estilos de vida e práticas respeitadores do ambiente.

A educação urbana sustentável tem por objetivo sensibilizar os alunos para os desafios do desenvolvimento sustentável nas zonas urbanas, incutir-lhes valores de respeito pelo ambiente e dar-lhes os conhecimentos e competências de que necessitam para ajudar a criar cidades mais sustentáveis e resilientes.

As universidades marroquinas enfrentam muitos desafios num ambiente em constante mudança. A rápida evolução das tecnologias, a emergência de novos paradigmas educativos e as crescentes expectativas da sociedade em termos de formação profissional e de investigação colocam grandes desafios.

As universidades devem adaptar-se à evolução das necessidades do mercado de trabalho, formar estudantes com competências interdisciplinares e promover a inovação e o empreendedorismo. Além disso, são chamadas a enfrentar os desafios da sustentabilidade, tais como

O Grupo está empenhado numa série de prioridades-chave, incluindo a gestão eficiente dos recursos, a redução da sua pegada ecológica e a sensibilização para as questões ambientais e sociais.

Face a estes desafios, o conceito de universidade inteligente está a emergir como uma resposta promissora. A universidade inteligente é um modelo de ensino superior que integra de forma holística os princípios da sustentabilidade, da inovação e da transformação digital. O seu objetivo é formar estudantes responsáveis, com capacidades de pensamento crítico e uma compreensão aprofundada das questões globais, promovendo simultaneamente a inovação e o empreendedorismo. A Universidade Inteligente centra-se na utilização criteriosa das tecnologias da informação e da comunicação para melhorar o ensino, a investigação e a gestão dos recursos.

Ao adoptarem este modelo, as universidades marroquinas podem responder aos desafios da sustentabilidade e da inovação, preparando simultaneamente os seus estudantes para se tornarem actores-chave do desenvolvimento sustentável num ambiente urbano em constante mutação.

- ***Objectivos e questões de investigação :***

O principal objetivo desta investigação é realçar o papel essencial desempenhado pela educação urbana sustentável na implementação do modelo de universidade inteligente em Marrocos. O objetivo é demonstrar, através de uma análise aprofundada, que a integração dos princípios da educação urbana sustentável nos currículos do ensino superior é um pilar fundamental para alcançar a transição para estabelecimentos de ensino superior mais sustentáveis, inovadores e adaptados às necessidades actuais e futuras da sociedade marroquina.

Para atingir o objetivo principal, este estudo abordará as seguintes questões de investigação:

a) *Quais são os principais desafios de sustentabilidade que as universidades marroquinas enfrentam num ambiente urbano em rápida mutação?*

b) *Como é que a educação urbana sustentável pode ajudar a enfrentar estes desafios e preparar os estudantes para se tornarem cidadãos responsáveis e actores-chave no desenvolvimento sustentável?*

c) *Quais são as melhores práticas e estratégias de ensino eficazes para integrar os princípios da educação urbana sustentável nos currículos do ensino superior em Marrocos?*

d) *Quais são os potenciais obstáculos à implementação de uma educação urbana sustentável nas universidades marroquinas e como podem ser ultrapassados?*

e) *Que impacto se espera que a adoção de uma educação urbana sustentável tenha na criação da universidade inteligente, em termos de sustentabilidade ambiental, inovação e transformação digital?*

I: Definições de conceitos básicos e seus fundamentos teóricos :

Esta secção estabelece as bases teóricas do estudo, definindo os conceitos-chave da educação urbana sustentável e da universidade inteligente e apresentando uma análise aprofundada da literatura relevante. Começa por clarificar os princípios, as dimensões e as abordagens da educação urbana sustentável, destacando o seu papel crucial na sensibilização para as questões do desenvolvimento sustentável nas zonas urbanas. De seguida, são exploradas as caraterísticas, componentes e modelos da universidade inteligente, destacando o seu compromisso com a sustentabilidade, a inovação e a transformação digital. Por último, são examinados os conceitos de desenvolvimento sustentável e de sustentabilidade no contexto universitário, destacando as dimensões ambiental, social e económica que devem ser integradas nas instituições de ensino superior.

1.1 Educação urbana sustentável: princípios, dimensões e abordagens

A educação urbana sustentável é um conceito multidimensional que tem como objetivo sensibilizar as pessoas para os desafios do desenvolvimento sustentável nas zonas urbanas e equipá-las para contribuir para a criação de cidades sustentáveis. De acordo com Diemer e Mulnet (2017, p. 23), esta forma de educação baseia-se em três princípios fundamentais: a integração das dimensões ambiental, social e económica, a promoção do pensamento crítico e da resolução de problemas e o incentivo ao envolvimento cívico e à ação coletiva.

Em termos ambientais, a educação urbana sustentável centra-se na compreensão dos desafios da gestão dos recursos naturais, da poluição, da biodiversidade e das alterações climáticas nos meios urbanos (Lazzeri e Baurieau, 2021, p. 47). O seu objetivo é sensibilizar os alunos para o impacto dos seus estilos de vida no ambiente e incutir-lhes comportamentos mais sustentáveis, como a redução dos resíduos, a utilização eficiente da energia e a preservação dos espaços verdes urbanos.

A dimensão social da educação urbana sustentável engloba aspetos como a equidade social, a justiça ambiental, a coesão comunitária e a participação dos cidadãos (Rabie, 2016, p. 118). Visa desenvolver uma compreensão das desigualdades sociais e ambientais presentes nas zonas urbanas, bem como as competências necessárias para promover a inclusão social e a participação ativa dos cidadãos na tomada de decisões sobre o seu ambiente.

Em termos económicos, a educação urbana sustentável centra-se na compreensão de modelos de produção e consumo sustentáveis, bem como na promoção da economia circular e do empreendedorismo ecológico. Incentiva os alunos a refletir sobre os impactos económicos das suas escolhas de consumo e a explorar alternativas mais sustentáveis.

São utilizadas várias abordagens pedagógicas na educação urbana sustentável, como a aprendizagem baseada em projectos, a aprendizagem experimental e a aprendizagem de serviços comunitários. Estas abordagens incentivam o envolvimento ativo dos alunos, a aquisição de competências práticas e a compreensão das questões locais relacionadas com o desenvolvimento sustentável nas zonas urbanas.

1.2 Universidade inteligente: caraterísticas, componentes e modelos

O conceito de universidade inteligente, também conhecido como universidade sustentável ou universidade verde, refere-se a um modelo de ensino superior que integra os princípios da sustentabilidade, da inovação tecnológica e da transformação digital nas suas práticas de ensino, investigação e gestão. Uma universidade inteligente caracteriza-se pelo seu compromisso com o desenvolvimento sustentável, pela sua capacidade de adaptação às mudanças ambientais, sociais e económicas e pela sua utilização estratégica das tecnologias da informação e da comunicação (TIC) para melhorar a aprendizagem e a gestão dos recursos.

Os principais componentes de uma universidade inteligente podem ser agrupados em três áreas principais: sustentabilidade ambiental, transformação digital e inovação pedagógica. Em termos ambientais, uma universidade inteligente tem como objetivo reduzir a sua pegada ecológica através da implementação de práticas sustentáveis como a eficiência energética, a gestão de resíduos, a conservação da biodiversidade e a promoção de modos de transporte sustentáveis.

A transformação digital é um pilar essencial da universidade inteligente, que implica a integração das TIC em todos os aspectos do ensino, da investigação e da administração. Isto pode significar a utilização de plataformas de aprendizagem eletrónica, salas de aula virtuais, bibliotecas digitais e sistemas inteligentes de gestão de dados.

A inovação pedagógica está também no centro do modelo de universidade inteligente, com a adoção de novas abordagens de ensino e aprendizagem centradas no estudante, como a aprendizagem baseada em projectos, a aprendizagem experimental e a aprendizagem colaborativa. Estas abordagens visam desenvolver competências interdisciplinares essenciais para o século XXI, como o pensamento crítico, a resolução de problemas, a criatividade e a capacidade de trabalhar em equipa.

Foram propostos vários modelos de universidades inteligentes, cada um centrado em aspectos específicos. O modelo da Universidade Verde centra-se principalmente na sustentabilidade ambiental, enquanto o modelo da Universidade Digital dá maior ênfase à transformação digital e à utilização das TIC. Outros modelos, como o da Universidade Sustentável, adoptam uma abordagem mais holística, integrando as dimensões ambiental, social e económica da sustentabilidade.

Qualquer que seja a abordagem específica adoptada, o objetivo comum destes modelos é transformar as universidades em instituições sustentáveis e inovadoras, adaptadas aos desafios actuais e futuros da sociedade, preparando simultaneamente os estudantes para se tornarem cidadãos responsáveis e agentes-chave da mudança.

1.3 Desenvolvimento sustentável e sustentabilidade no contexto universitário

O conceito de desenvolvimento sustentável tornou-se cada vez mais importante no contexto académico ao longo das últimas décadas. Inicialmente definido pelo Relatório Brundtland em 1987 como "*um desenvolvimento que satisfaz as necessidades do presente sem comprometer a capacidade de as gerações futuras satisfazerem as suas próprias necessidades*" (Comissão Mundial para o Ambiente e o Desenvolvimento, 1987, p. 51), o desenvolvimento sustentável baseia-se em três pilares interdependentes: o ambiente, a sociedade e a economia.

No contexto universitário, a sustentabilidade ambiental refere-se aos esforços para reduzir a pegada ecológica dos campus, promover a utilização eficiente dos recursos naturais e sensibilizar a comunidade universitária para as questões ambientais. Isto pode assumir a forma de iniciativas como a construção de edifícios eco-energéticos, a introdução de sistemas de gestão de resíduos, a promoção de transportes sustentáveis e a preservação da biodiversidade no campus.

A dimensão social da sustentabilidade nas universidades diz respeito à equidade, à inclusão e ao bem-estar de todos os membros da comunidade universitária, bem como a um compromisso de responsabilidade social. Isto implica a adoção de políticas e programas para promover a diversidade, combater a discriminação, facilitar o acesso ao ensino superior e incentivar o envolvimento da comunidade. Em termos económicos, a sustentabilidade nas universidades refere-se à gestão responsável dos recursos financeiros, à promoção de práticas de aquisição sustentáveis e à formação dos estudantes para os desafios da economia verde e do empreendedorismo sustentável. As universidades são incentivadas a adotar modelos empresariais mais sustentáveis, a investir em projectos de investigação sobre o desenvolvimento sustentável e a formar os seus estudantes nas competências necessárias para terem êxito numa economia mais respeitadora do ambiente.

A integração dos princípios do desenvolvimento sustentável nas universidades exige uma abordagem holística e sistémica, que envolva todos os aspectos da vida universitária, desde o ensino e a investigação até ao funcionamento e à governação. As universidades são chamadas a desempenhar um papel de liderança na promoção do desenvolvimento sustentável, formando futuros líderes e contribuindo para a criação de conhecimentos e soluções inovadoras para os desafios ambientais, sociais e económicos que o mundo enfrenta.

II: Ligações entre a educação urbana sustentável e a universidade inteligente

Esta secção explora as ligações estreitas entre a educação urbana sustentável e a concretização do modelo de universidade inteligente. Destaca o contributo essencial da educação urbana sustentável para os três pilares da universidade inteligente: sustentabilidade ambiental, transformação digital e inovação pedagógica. São destacadas as sinergias entre os princípios de sustentabilidade promovidos pela educação urbana sustentável e os objectivos prosseguidos pela universidade inteligente. Por último, esta secção discute a importância de integrar as dimensões ambiental, social e económica da sustentabilidade em todos os aspectos do ensino superior, a fim de concretizar plenamente estas sinergias.

2.1. Contributos da educação urbana sustentável para os pilares da universidade inteligente

A educação urbana sustentável desempenha um papel fundamental na concretização dos três pilares da universidade inteligente: sustentabilidade ambiental, transformação digital e inovação educativa. Ao sensibilizar os estudantes para os desafios do desenvolvimento sustentável em ambientes urbanos, a educação urbana sustentável contribui para formar cidadãos responsáveis, conscientes do seu impacto no ambiente e capazes de adotar comportamentos e estilos de vida mais sustentáveis.

Esta consciência ambiental é essencial para atingir os objectivos de sustentabilidade da Universidade Inteligente, tais como a redução da pegada ecológica, a gestão eficiente dos recursos e a promoção de modos de transporte sustentáveis.

Além disso, ao incentivar a utilização das tecnologias da informação e da comunicação (TIC) na aprendizagem experimental e na aprendizagem baseada em projectos, a educação urbana sustentável apoia a transformação digital, um pilar central da universidade inteligente. Os estudantes adquirem competências digitais essenciais, ao mesmo tempo que exploram soluções inovadoras para os desafios urbanos utilizando tecnologias emergentes.

Por último, a educação urbana sustentável promove a inovação pedagógica, incentivando a adoção de abordagens de ensino e aprendizagem centradas no aluno, como a aprendizagem baseada em projectos, a aprendizagem experimental e a aprendizagem em colaboração.

Estes métodos de ensino inovadores permitem aos estudantes desenvolver competências interdisciplinares cruciais para o século XXI, como o pensamento crítico, a resolução de problemas, a criatividade e a capacidade de trabalhar em equipa, ao mesmo tempo que abordam questões concretas relacionadas com o desenvolvimento sustentável nas zonas urbanas.

2.2. Sinergias entre os princípios da sustentabilidade e os objectivos da universidade inteligente

Existe uma estreita sinergia entre os princípios de sustentabilidade promovidos pela educação urbana sustentável e os objectivos prosseguidos pelo modelo de universidade inteligente. Em primeiro lugar, a sustentabilidade ambiental, que é um pilar essencial da educação urbana sustentável, está em perfeita sintonia com os esforços da universidade inteligente para reduzir a sua pegada ecológica e promover práticas respeitadoras do ambiente.

Além disso, a dimensão social da sustentabilidade, com a sua ênfase na equidade, na inclusão e na participação cívica, está ligada aos objectivos da Universidade Inteligente em termos de responsabilidade social e de envolvimento da comunidade. Ao formar os estudantes para estarem conscientes das questões sociais e ambientais, a universidade inteligente está a ajudar a criar uma sociedade mais justa e sustentável.

Por último, a vertente económica da sustentabilidade, que promove modelos de produção e consumo sustentáveis e a economia circular, está alinhada com os esforços da Universidade Inteligente para formar os estudantes nas competências necessárias a uma economia verde e sustentável. O empreendedorismo sustentável e a inovação são também temas-chave em ambas as áreas.

2.3. Integrar as dimensões ambiental, social e económica no ensino superior

Para concretizar plenamente as sinergias entre a educação urbana sustentável e a universidade inteligente, é essencial integrar as dimensões ambiental, social e económica da sustentabilidade em todos os aspectos do ensino superior. Isto significa incorporar estas questões nos currículos, nas actividades de investigação, nas operações e na governação das universidades.

Em termos de ensino, é crucial incluir cursos e módulos dedicados ao desenvolvimento sustentável, à educação urbana sustentável e às questões ambientais, sociais e económicas nas zonas urbanas. Estes conteúdos podem ser integrados de forma transversal em diferentes disciplinas ou oferecidos sob a forma de programas.

No domínio da investigação, as universidades devem incentivar e apoiar projectos interdisciplinares sobre temas relacionados com a sustentabilidade urbana, a inovação sustentável e as soluções tecnológicas respeitadoras do ambiente. A colaboração entre investigadores de diferentes disciplinas é essencial para que estas questões complexas possam ser abordadas de forma holística.

Por último, as operações e a governação da universidade devem refletir os princípios da sustentabilidade, implementando práticas sustentáveis no campus, nas infra-estruturas e na gestão dos recursos. Isto pode incluir iniciativas como a eficiência energética, a gestão de resíduos, a promoção de transportes sustentáveis e a adoção de políticas de aquisição responsáveis.

Ao integrar plenamente as dimensões ambiental, social e económica da sustentabilidade no ensino, na investigação e nas operações, as universidades marroquinas poderão dar um contributo significativo para a concretização do modelo de universidade inteligente e formar estudantes com as competências e os conhecimentos necessários para enfrentar os desafios do desenvolvimento sustentável nas zonas urbanas.

III: Implementação da educação urbana sustentável nas universidades marroquinas

Esta secção centra-se nas estratégias e acções concretas necessárias para implementar uma educação urbana sustentável nas universidades marroquinas. Examina o quadro regulamentar e as políticas nacionais que promovem a sustentabilidade no ensino superior marroquino, proporcionando um contexto propício a esta transição. Em seguida, são propostas estratégias e práticas pedagógicas eficazes, tais como a aprendizagem baseada em projectos, a aprendizagem experimental e a aprendizagem ao serviço da comunidade, para integrar os princípios da educação urbana sustentável. Por último, sublinha-se o papel essencial de todas as partes interessadas, incluindo os estudantes, os professores, a administração e a comunidade local, na concretização desta transição.

3.1. Quadro regulamentar e políticas nacionais de promoção da sustentabilidade no ensino superior

Marrocos tem feito esforços significativos para integrar os princípios do desenvolvimento sustentável nas suas políticas nacionais, incluindo no domínio do ensino superior. A Estratégia Nacional para o Desenvolvimento Sustentável 2015-2020 (Ministério da Energia, Minas, Água e Ambiente, 2014) sublinha a importância da educação para o desenvolvimento sustentável e incentiva as instituições de ensino superior a desempenhar um papel fundamental na formação das competências necessárias.

Além disso, a Strategie Nationale de l'Environnement et du Developpement Durable 2022-2030 (Ministere de la Transition Energetique et du Developpement Durable, 2022) sublinha a necessidade de reforçar a educação e a sensibilização para o ambiente e o desenvolvimento sustentável a todos os níveis, incluindo o ensino superior. Esta estratégia incentiva as universidades a integrar as questões ambientais e de sustentabilidade nos seus currículos e actividades de investigação.

3.2. Estratégias e práticas pedagógicas para a integração da educação urbana sustentável

Para implementar eficazmente a educação urbana sustentável nas universidades marroquinas, é essencial adotar estratégias e práticas de ensino adequadas. A aprendizagem baseada em projectos, a aprendizagem experimental e a aprendizagem de serviços à comunidade são abordagens particularmente relevantes para tratar de questões de desenvolvimento sustentável em zonas urbanas.

A aprendizagem baseada em projectos incentiva os estudantes a trabalhar em equipas em projectos concretos relacionados com desafios urbanos, como a conceção de soluções sustentáveis para os transportes, a gestão de resíduos ou o planeamento urbano sustentável. Esta abordagem permite aos estudantes desenvolver competências práticas, ao mesmo tempo que adquirem uma compreensão aprofundada das questões locais.

A aprendizagem experimental envolve actividades de aprendizagem num ambiente natural, como visitas de campo, estudos de casos ou trabalho de campo em bairros urbanos. Este método permite que os estudantes se confrontem com as realidades no terreno e compreendam os desafios do desenvolvimento sustentável em ambientes urbanos.

Por último, a aprendizagem do serviço comunitário incentiva os estudantes a participarem ativamente em projectos de desenvolvimento sustentável nas suas comunidades locais. Ao trabalharem em estreita colaboração com as partes interessadas locais, os estudantes adquirem uma compreensão prática dos problemas e ajudam a encontrar soluções práticas.

3.3. Papel das partes interessadas (estudantes, professores, administração, comunidade local) na transição para uma universidade inteligente

A transição para o modelo de universidade inteligente exige o envolvimento e a colaboração de todas as partes interessadas, incluindo estudantes, professores, a administração da universidade e a comunidade local.

Os estudantes desempenham um papel central nesta transição, adoptando comportamentos e estilos de vida sustentáveis, participando ativamente em iniciativas de desenvolvimento sustentável no campus e envolvendo-se em projectos de educação urbana sustentável. O seu empenhamento e motivação são essenciais para o êxito destas iniciativas.

Os professores têm a responsabilidade de integrar os princípios da educação urbana sustentável nos seus cursos e métodos de ensino. Devem receber formação em abordagens pedagógicas inovadoras, como a aprendizagem baseada em projectos e a aprendizagem experimental, e incentivar os estudantes a desenvolver o pensamento crítico e as competências transversais. A administração da universidade desempenha um papel fundamental na implementação de políticas e programas que promovam a sustentabilidade no campus, tais como a gestão de resíduos, a eficiência energética e a promoção de transportes sustentáveis. Deve também apoiar iniciativas de investigação relacionadas com o desenvolvimento sustentável e incentivar a colaboração interdisciplinar.

Por último, a comunidade local, incluindo as autoridades locais, as organizações não governamentais e as empresas, deve ser envolvida na transição para a universidade inteligente. As parcerias com estes actores podem proporcionar oportunidades de aprendizagem prática aos estudantes, promover a transferência de conhecimentos e contribuir para o desenvolvimento de soluções sustentáveis adaptadas às necessidades locais. Ao criar um quadro regulamentar favorável, ao adotar estratégias e práticas pedagógicas inovadoras e ao envolver todas as partes interessadas, as universidades marroquinas poderão responder ao desafio de integrar uma educação urbana sustentável e contribuir assim para a realização do modelo de universidade inteligente.

IV: Impactos e benefícios da educação urbana sustentável para a universidade inteligente

Esta secção final destaca os impactos e benefícios significativos da integração da educação urbana sustentável na concretização do modelo de universidade inteligente. São explorados os benefícios ambientais, como a redução da pegada ecológica e a gestão sustentável dos recursos. Os benefícios sociais, como a sensibilização para uma cidadania responsável e o desenvolvimento de competências transdisciplinares, também são destacados. Por último, são discutidas as implicações económicas positivas, como o aumento da inovação, da competitividade e da empregabilidade, demonstrando os benefícios holísticos desta abordagem para as universidades marroquinas.

4.1. Benefícios ambientais: redução da pegada ecológica, gestão sustentável dos recursos

A integração da educação urbana sustentável nas universidades marroquinas terá um impacto ambiental significativo, ajudando a alcançar os objectivos de sustentabilidade da universidade inteligente. Ao sensibilizar os estudantes para os desafios do desenvolvimento sustentável nas zonas urbanas, esta abordagem educativa incentivá-los-á a adotar comportamentos e estilos de vida mais respeitadores do ambiente.

Os estudantes formados nos princípios da educação urbana sustentável estarão mais bem equipados para ajudar a reduzir a pegada ecológica dos campus universitários, adoptando práticas como a redução dos resíduos, a utilização eficiente da energia, a preservação dos espaços verdes e a promoção de transportes sustentáveis.

Além disso, estes estudantes serão capazes de aplicar estratégias de gestão sustentável dos recursos, incentivando a utilização de materiais reciclados, a reutilização de recursos e a introdução de sistemas de recuperação de águas pluviais ou de compostagem. Estas práticas ajudarão a reduzir o impacto ambiental das universidades e a promover uma utilização mais responsável dos recursos naturais.

4.2. Benefícios sociais: sensibilização para uma cidadania responsável, desenvolvimento de competências transdisciplinares

A educação urbana sustentável terá também benefícios sociais significativos como parte da transição para a universidade inteligente. Ao abordar as questões da equidade social, da justiça ambiental e da participação cívica, esta abordagem educativa sensibilizará os estudantes para o seu papel de cidadãos responsáveis e agentes de mudança.

Os alunos adquirem uma compreensão aprofundada dos desafios sociais e ambientais que as comunidades urbanas enfrentam, bem como as competências necessárias para se envolverem ativamente na procura de soluções sustentáveis. Serão encorajados a participar em projectos de desenvolvimento sustentável no seio da sua comunidade local, reforçando assim o seu sentido de responsabilidade social e de empenhamento cívico.

Além disso, os métodos de ensino inovadores utilizados na educação urbana sustentável, como a aprendizagem baseada em projectos e a aprendizagem experimental, permitirão aos estudantes desenvolver competências interdisciplinares essenciais para o século XXI. Estas incluem o pensamento crítico, a resolução de problemas complexos, a criatividade, a capacidade de trabalhar em equipa e as competências de comunicação e liderança.

4.3. Implicações económicas: inovação, competitividade e empregabilidade

A integração da educação urbana sustentável nas universidades marroquinas terá também implicações económicas positivas, ajudando a impulsionar a inovação, a competitividade e a empregabilidade dos estudantes.

Ao formar estudantes conscientes dos desafios do desenvolvimento sustentável nas zonas urbanas, as universidades marroquinas estarão a preparar uma mão de obra qualificada e adaptada às necessidades emergentes da economia verde e da economia circular. Estes estudantes serão capazes de propor soluções inovadoras para os desafios ambientais e sociais, contribuindo assim para a competitividade das empresas e organizações marroquinas.

Além disso, a ênfase colocada no empreendedorismo sustentável e na inovação como parte da educação urbana sustentável incentivará os estudantes a desenvolver ideias e projectos inovadores, promovendo assim a criação de empresas sustentáveis e o crescimento económico. Estas iniciativas empresariais podem contribuir para a criação de empregos verdes e para a transição para uma economia mais sustentável em Marrocos.

Por último, as competências interdisciplinares adquiridas pelos estudantes através da educação urbana sustentável, como o pensamento crítico, a resolução de problemas complexos e a capacidade de trabalhar em equipa, aumentarão a sua empregabilidade no mercado de trabalho. Estas competências são altamente valorizadas pelos empregadores e contribuirão para a competitividade dos estudantes num ambiente profissional em constante mudança.

Ao integrar a educação urbana sustentável nos seus currículos, as universidades marroquinas poderão formar uma mão de obra qualificada e adaptada às necessidades emergentes da economia sustentável, incentivando simultaneamente a inovação, o espírito empresarial e a competitividade, contribuindo assim para a realização dos objectivos da universidade inteligente.

Conclusão:

Este estudo explorou o papel crucial da educação urbana sustentável na concretização do modelo de universidade inteligente em Marrocos. Os resultados mostraram que a integração dos princípios de sustentabilidade, inovação pedagógica e transformação digital inerentes à educação urbana sustentável é essencial para responder aos desafios que as universidades marroquinas enfrentam num ambiente urbano em constante mudança. Ao sensibilizar os estudantes para os desafios do desenvolvimento sustentável nas zonas urbanas e ao dotá-los de competências interdisciplinares, a educação urbana sustentável contribui diretamente para a concretização dos pilares da universidade inteligente, nomeadamente a sustentabilidade ambiental, a inovação e a transformação digital.

Embora este estudo tenha proporcionado uma análise aprofundada das ligações entre a educação urbana sustentável e a universidade inteligente, é necessário salientar algumas limitações. Em primeiro lugar, a investigação centrou-se principalmente no contexto teórico e concetual, e seriam necessários estudos de casos práticos para avaliar a eficácia das estratégias propostas em diferentes contextos universitários marroquinos. Em segundo lugar, o estudo centrou-se em Marrocos, mas seria interessante explorar a transferibilidade destes resultados para outros países e contextos regionais.

Para além disso, podem ser feitas várias recomendações aos decisores políticos, administradores universitários e professores no domínio do ensino superior em Marrocos:

- Desenvolver um quadro regulamentar e políticas nacionais que favoreçam a integração da educação urbana sustentável nos currículos e nas actividades de investigação das universidades marroquinas.
- Incentivar e apoiar financeiramente iniciativas destinadas a formar professores em abordagens pedagógicas inovadoras ligadas à educação urbana sustentável, como a aprendizagem baseada em projectos e a aprendizagem experimental.
- Promover a colaboração interdisciplinar e as parcerias com as partes interessadas locais (autoridades municipais, ONG, empresas) para

proporcionar oportunidades de aprendizagem prática aos estudantes e desenvolver soluções sustentáveis adaptadas às necessidades locais.

- Criar programas de sensibilização e formação em matéria de sustentabilidade para todos os membros da comunidade universitária, incluindo estudantes, professores e pessoal administrativo.
- Adotar práticas sustentáveis na gestão dos campus universitários, como a eficiência energética, a gestão de resíduos e a promoção de transportes sustentáveis, para servir de exemplo concreto aos estudantes.

Bibliografia :

- Amaral, L. P., Martins, N., & Gouveia, J. B. (2015). A busca por uma universidade sustentável: uma revisão. Revista Internacional de Sustentabilidade no Ensino Superior, 16(2), 155-172.
- Amaral, L. P., & Martins, N. (2015). Cooperação entre o ensino superior sustentável: tendências globais. Revista internacional de ensino superior sustentável, 16(1), 105-123.
- Becker, S., Cummins, M., Davis, A., Freeman, A., Hall, C. G., & Ananthanarayanan, V. (2018). Educação e formação interdisciplinar para o desenvolvimento sustentável: pedagogia transdisciplinar da aprendizagem experiencial. Discurso e Comunicação para a Educação Sustentável, 9(1), 21-35.
- Bricas, N., & Denechere, F. (2020). Vers des systemes alimentaires durables: trajectoires et enjeux critiques. Editions Que.
- Comissão Mundial para o Ambiente e o Desenvolvimento. (1987). O nosso futuro comum. Oxford University Press.
- Diemer, A., & Mulnet, D. (2017). L'education au developpement durable dans l'enseignement superieur : enjeux, defis et perspectives. Presses Universitaires de France.
- Leal Filho, W., Frankenberger, F., Salvia, A. L., & Azeiteiro, U. (2019). Educação para o desenvolvimento sustentável no ensino superior: tendências globais. Peter Lang University Press.
- Leal Filho, W., Pace, P., & Manolas, E. (2017). Envolvimento dos estudantes na educação para a sustentabilidade no ensino superior. Springer.

- Leal Filho, W., Skanavis, C., Kounbuntan, D., Brandli, L. L., Shiel, C., Neves, F. O., ... & Pace, P. (2018). Ensino e aprendizagem da educação para a sustentabilidade no ensino superior. Springer.
- Ministério da Energia, Minas, Água e Ambiente. (2014). Estratégia Nacional de Desenvolvimento Duradouro 2015-2020. Governo de Marrocos.
- Ministério da Transição Energética e do Desenvolvimento Sustentável. (2022). Estratégia Nacional do Ambiente e do Desenvolvimento Duradouro 2022-2030. Governo de Marrocos.

A mistura arquitetónica e o desafio do património sustentável, o caso da cidade de Rabat

Malak JABLI [4]

Currículo :

A mistura arquitetónica de Rabat, a capital de Marrocos, apresenta um caso de estudo fascinante no contexto do património sustentável e da evolução urbana. A cidade possui um património arquitetónico diversificado, abrangendo estruturas que vão desde a medina histórica e os bairros coloniais Art Deco até à arquitetura modernista pós-independência e aos edifícios contemporâneos.

Esta justaposição de estilos e épocas levanta questões cruciais sobre a preservação e a valorização do património construído numa perspetiva de desenvolvimento sustentável. Os desafios são múltiplos: não só precisamos de conservar os edifícios históricos, adaptando-os às exigências funcionais modernas, como também precisamos de integrar harmoniosamente os novos edifícios no tecido urbano existente, promovendo simultaneamente uma arquitetura ecologicamente responsável e culturalmente relevante.

Esta questão insere-se num contexto mais vasto de manutenção da identidade urbana e de desenvolvimento de um turismo cultural sustentável. As autoridades locais e nacionais são, assim, confrontadas com a necessidade de aplicar políticas equilibradas de conservação e reabilitação, especialmente em zonas sensíveis como a medina, desenvolvendo simultaneamente projectos de desenvolvimento urbano que conciliem a modernidade com o respeito pelo património.

A aposta é grande: o objetivo é transformar este conjunto arquitetónico num trunfo para o desenvolvimento urbano sustentável, capaz de responder às necessidades contemporâneas, preservando ao mesmo tempo o património histórico e cultural único de Rabat.

---

[4] *Faculte des Lettres et des Sciences Humaines, Universite Mohammed VRabat.* [2] O protetorado francês em Marrocos é o protetorado exercido pela França no Império Cherifiano, ou seja, no atual Marrocos. Foi estabelecido pelo Tratado de Fes, em 30 de março de 1912, entre a Terceira República Francesa e o Sultão Moulay Abdelhafid e terminou em 18 de novembro de 1955 com o regresso do Sultão Mohammed Ben Youssef, futuro Rei de Marrocos, Mohamed V. O protetorado terminou em 2 de março de 1956.

Palavras chave : Mistura arquitetónica; Desenvolvimento sustentável; Património sustentável; Marrocos; Rabat.

Introdução :

As cidades marroquinas são extremamente diversificadas, uma vez que Marrocos é um país do mundo árabe e do Magrebe alargado, situado no noroeste de África e limitado a sul pela Mauritânia, a norte pelo Estreito de Gibraltar, a oeste pelo Oceano Atlântico e a leste pela Argélia, Devido à sua posição geográfica estratégica e à sua localização no ponto de encontro dos três mundos que liga, a África, a Europa e o Mediterrâneo, é considerado um verdadeiro país de encruzilhada.

Além disso, graças à sua história milenar, rica em acontecimentos e às muitas civilizações que atravessaram o seu caminho, Marrocos é rico em muitas culturas, crenças, línguas, arquitetura e religiões diferentes, especialmente após a colonização francesa do país a partir de 1912[2]. De facto, o país revela inegavelmente uma multiplicidade de culturas e a mistura de estilos arquitectónicos, ou seja, a mistura arquitetónica do país, baseia-se no seu passado, mas também, e sobretudo, na sua própria identidade cultural.

A cidade de Rabat, capital de Marrocos, situada nas margens do Oceano Atlântico, é uma cidade administrativa, mas é sobretudo uma cidade cultural, rica em história, onde as jóias do passado convivem com os projectos mais modernos e respeitadores do ambiente. O património arquitetónico, urbano e paisagístico de Rabat é rico e diversificado, e a sua salvaguarda e promoção são uma prioridade desde há várias décadas.

"A cidade de Rabat sempre fez da preservação e da valorização do seu património, herdado das gerações precedentes, uma prioridade partilhada pelos diferentes actores da vida económica e social da cidade" (Rabat, capitale moderne et ville historique : un patrimoine en partage - Plan gestion - Proposition sur la liste de patrimoine mondial soumis par le Royaume Maroc, janeiro de 2011, p. 04). (Rabat, capitale moderne et ville historique : un patrimoine en partage - Plan de gestion - Proposition d'inscription sur la liste du patrimoine mondial soumis par le Royaume du Maroc, Janvier 2011, p. 04)

[5]É certo que, desde o início do seu novo reinado, Sua Majestade o Rei Mohammed VI , que Deus o ajude, impulsionou um poderoso e intenso esforço de valorização e promoção do património em todo o Reino, mas muito particularmente na capital do país, graças, em particular, à criação da Fundação para a Salvaguarda do Património Cultural de Rabat em 2012. O desejo e a visão reais eram, e continuam a ser, fazer de Rabat uma cidade consciente e atenta ao equilíbrio entre cultura e natureza, bem como entre desenvolvimento e património.

Mas quais são os verdadeiros fundamentos e pilares da mistura arquitetónica e do rico património da capital marroquina? Quais são os desafios que se colocam à preservação do seu património? Como conciliar o desenvolvimento sustentável com a conservação e a valorização do património? Quais são as estratégias, os instrumentos e os princípios de um património sustentável, nomeadamente na cidade de Rabat?

O objetivo deste estudo é evidenciar o conjunto arquitetónico de Marrocos, em particular da cidade de Rabat, e esclarecer as questões relacionadas com a preservação do património, abordando-o como um dos pilares do desenvolvimento sustentável. O objetivo deste artigo é clarificar a relação entre desenvolvimento sustentável e património, compreendendo o termo património sustentável e ilustrando-o em termos da capital marroquina.

Finalmente, este artigo divide-se em três partes principais. A primeira centra-se na cidade de Rabat enquanto cidade imperial com uma história e um património arquitetónico ricos, destacando a sua evolução urbana e os diferentes estilos arquitectónicos. Esta secção também esclarece o papel da conservação do património na capital, bem como identifica os problemas sociais e económicos associados à conservação deste património.

A segunda parte visa clarificar o conceito de desenvolvimento sustentável e o impacto da construção e dos edifícios no ambiente, bem como a importância de combinar o desenvolvimento sustentável e o património e, por conseguinte, os benefícios do património sustentável.

[5] O atual rei de Marrocos, que sucedeu ao seu falecido pai, Hassan II, em 1999.

A parte final analisa e avalia a regulamentação marroquina e as medidas urbanísticas tomadas para salvaguardar o património de Rabat a longo prazo, bem como as estruturas criadas para melhorar a sua gestão.
Em suma, esta secção visa compreender as perspectivas de desenvolvimento do ponto de vista do património e as visões futuras para um património sustentável em Rabat.

1. Rabat, uma cidade com um rico património arquitetónico.

Por inúmeras e diversas razões, a cidade de Rabat está destinada a desempenhar um papel decisivo e importante no desenvolvimento económico de Marrocos e deve afirmar-se cada vez mais como um pólo de crescimento, tanto a nível regional como nacional. Assim, para desempenhar o papel que lhe é atribuído e atingir estes objectivos, Rabat deve responder às necessidades cada vez maiores impostas pelo crescimento demográfico e pela explosão urbana de Marrocos, mas também enfrentar um certo número de desafios, nomeadamente em matéria de atratividade territorial, de competitividade económica e de coesão social, respeitando o seu ambiente.

1-1 Desenvolvimento urbano em Rabat.

[eme]Rabat, cidade imperial por excelência, tem vindo a desenvolver-se desde o início do século XX e tem sido marcada por várias datas-chave e diferentes documentos urbanísticos que marcaram a história urbana da cidade. [6][7]Entre os principais documentos que marcaram o desenvolvimento de Rabat contam-se, naturalmente, o plano Prost de 1914 e o plano Ecochard de 1955, ambos elaborados durante o protetorado francês e que levaram à criação da cidade nova através do prolongamento da cidade velha, ou seja, da medina. Posteriormente, foram elaborados dois planos diretores para o desenvolvimento urbano de Rabat-Sale, em 1971-1972 e 1995, que permitiram controlar mais ou

[6] Henri Prost foi um arquiteto e urbanista nascido em França em 25 de fevereiro de 1874 e falecido em 17 de julho de 1959. Após o estabelecimento do protetorado francês em 1912, elaborou o plano de ordenamento da cidade de Rabat em 1914, sob as ordens do Marechal Hubert Lyautey, político francês que governava o Marrocos colonial (Archiwebture, 2024).

[7] Michel Ecochard foi um arquiteto e urbanista francês, nascido em 11 de março de 1905 e falecido em 24 de maio de 1985. Foi diretor do departamento de urbanismo em Marrocos, então sob o protetorado francês, e realizou vários planos diretores de cidades marroquinas, entre os quais o de Rabat-Sale em 1995 (Archiwebture, 2024).

menos a explosão urbana da capital, tal como em todas as outras cidades do país e do mundo.
A capital de Marrocos permaneceu durante muito tempo confinada ao estatuto de cidade administrativa, mas sempre teve a ambição de se tornar a cidade internacional do conhecimento e da cultura do reino, obviamente sob o impulso de Sua Majestade o Rei Mohammed VI, que quis transformar a cidade dos seus antepassados alauítas numa verdadeira capital cultural internacional e que, por conseguinte, lançou em 2014 o programa "Rabat, Cidade Luz, Capital Marroquina da Cultura", transformando-a num verdadeiro local de desenvolvimento ao ar livre. Este programa assenta essencialmente numa abordagem participativa que visa preservar e promover o património cultural e civilizacional da cidade de Rabat, protegendo simultaneamente o seu ambiente, melhorando o acesso aos serviços e às infraestruturas, consolidando a boa governação e, por último, preservando e valorizando o tecido urbano da cidade. [8]Supervisionado pela Societe Rabat Region Amenagement , este programa está estruturado em torno de sete objectivos diferentes, correspondendo cada um deles a uma zona de desenvolvimento, a fim de favorecer e assegurar o desenvolvimento urbano e social da capital, como se indica a seguir:

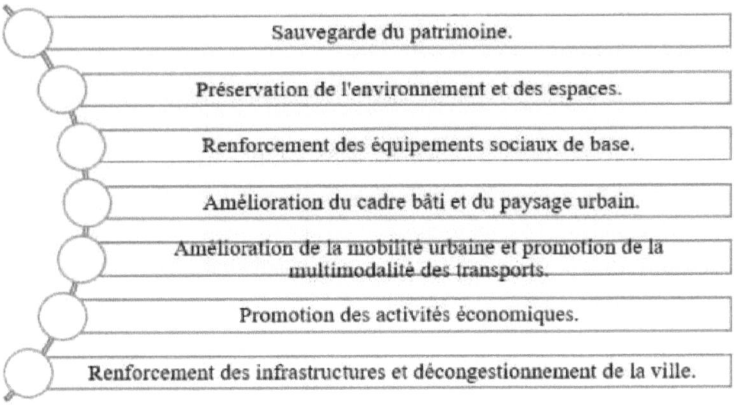

[8] Mais conhecida como RRA, a Rabat Region Amenagement é uma empresa criada em novembro de 2014 para gerir o programa de desenvolvimento da cidade de Rabat de 2014 a 2018. É o operador público responsável pela implementação operacional do programa "Rabat, Cidade da Luz, Capital Marroquina da Cultura". (Rabat Region Amenagement, s.d.).

Figura -1- : Os principais eixos do programa "Rabat, Cidade Luz, Capital Marroquina da Cultura

Fonte: Reproduzido de (Rabat Region Amenagement, n.d.)

Sem dúvida, Rabat não parou de se desenvolver ao longo dos anos e continua a registar um crescimento urbano sem precedentes, graças, nomeadamente, a novos projectos importantes como o Grande Teatro de Rabat, a Torre Mohammed VI, o projeto de modernização e ampliação do aeroporto de Rabat-Sale, o novo hospital Ibn Sina, a Universidade Politécnica Mohammed VI, a nova estação rodoviária e a Cité des Metiers et des Compétences. Naturalmente, o grande projeto urbano de Rabat foi concebido e projetado sem descurar o seu património cultural, que acabou por lhe valer o título de "Rabat, Capital Africana da Cultura" em 2022, tornando-a a primeira cidade e capital do continente a ser distinguida com esta distinção.

1-2 A mistura arquitetónica de Rabat.

A arquitetura dos edifícios de Rabat reflecte a história da cidade, marcada pelas diferentes civilizações que moldaram o seu estilo arquitetónico. Com efeito, a arquitetura de Rabat é inegavelmente variada e diversificada, sendo possível distinguir os seguintes estilos arquitectónicos

Quadro -1 : Diferentes estilos arquitectónicos em Rabat

O estilo Art Nouveau.	O estilo Neo-Tradicional.	O estilo neo-clássico.	O estilo ArtDeco.
emeNascido no final do século XIX, este estilo caracteriza-se pela diversidade de materiais e pelas formas animais e vegetais como fontes de inspiração. Construído durante o protetorado francês, o Os edifícios de Rabat deste estilo distinguem-se pelos seus elementos	emeNascido no final do século XIX, este estilo é o resultado de uma mudança revolucio nária de estilo. as políticas políticas, arquitectónicas e urbanas levadas a cabo pela França no Norte de África e que acompanharam	Utilizado entre 1750 e 1850, este estilo caracteriza-se por uma disposição de fagades que confere uma forte unidade visual aos edifícios. edifícios, com simetria e diferentes pisos. Para além disso	Surgido por volta de 1910, este estilo é muito mais sóbrio do que a Arte Nova e é reconhecido p or a organização das suas fagades (alinhamento,

decorativos e pelas suas curvas, mas permanecer presente na cidade com apenas dois edifícios deste estilo.	a cheg ada de planeamento urbano. Caracteriza-se pela utilização de volumes simples e sóbrios. realçado por elementos decorativos emprestados da arquitetura local. É este estilo que é principalmente	Este estilo também pode ser encontrado na avenida Mohammed V, na capital Marroquino.	repetição e simetria) e verticalidade. A decoração u tiliza motivos geométricos repetidos: chevrons, triângulos, quadrados, etc. Para além disso, um grande número de edifícios em
	é utilizado no distrito de Diour Jamaa.		A s abas são fabricados neste estilo após a Primeira Guerra Mundial.
Estilo moderno.	**O estilo Brutalista.**	**O movimento pós-moderno.**	**Arquitetura oficial.**
Chamad a comutação Movimento moderno, este estilo exprime a primazia da função sobre a forma. Simples e sem adornos, introduz, no entanto, a telhados em terraço, janelas com faixas e cornijas. Ao contrário da Art-Deco, a ênfase é colocada nas linhas horizontais e	Baseado essencialmente na utilização de materiais não tratados, o betão bruto de Este estilo baseia-se no regresso a uma arquitetura expressiva ligada ao contexto social e ao território. Rabat, o as fachadas de betão	Apareceu pela primeira vez no início dos anos 70 como ultrapassa a tendência moderna ou complementa-a questionar alguns dos seus postulados Estas incluem a colagem, o ecletismo, a	Uma mistura entreneo clássico na organização das fachadas e neo-tradicional na sua simetria, este é o estilo oficial de a arquitetura do protetorado francês, com

no branco. Rabat, o Os primeiros edifícios deste estilo foram construídos a partir de 1929.	incluem referênciasa arquitetura tradicional com a utilização de zelliges, por exemplo.	justaposição, o humor e o exagero. Dois edifícios deste movimento foram construídos em Rabat em 1980.	um certo apego a um d os Esta é a melhor caraterística da arquitetura árabe, ou seja, a sobriedade exterior (linhas limpas e simplicidade de contornos e fagades).

Fonte : Reproduzido de (Plan d'amenagement et sauvegarde du patrimoine de la ville de Rabat, Rapport justificatif, 2017, pp. 23-38).

Como se pode ver no quadro acima, uma das caraterísticas distintivas de Rabat é, sem dúvida, a sua mistura arquitetónica e os diferentes estilos arquitectónicos encontrados dentro dos seus limites.

1-3 Questões de preservação do património.

Quer se trate de uma oportunidade de transmitir a nossa cultura e identidade, de criar empregos e empresas ou de proteger o nosso planeta e os seus ecossistemas, a preservação do nosso património pode ser uma estratégia de sucesso para o desenvolvimento territorial e o planeamento estratégico. De facto, a preservação e a valorização do património das cidades apresentam inúmeras vantagens, como, por exemplo, segundo a Fondation du Patrimoine (Portail du patrimoine, 2023) :

- O património é uma forma de transmissão da história e da cultura: testemunho dos diferentes estilos arquitectónicos presentes nas cidades, o património reflecte a história, a cultura e a identidade de diferentes civilizações e acontecimentos, passados ou presentes.
- O património cria oportunidades para as pessoas partilharem e se reunirem: é frequentemente uma oportunidade e um local para as pessoas partilharem e se encontrarem, e uma oportunidade para

participarem na boa vida em conjunto e no desenvolvimento de laços entre cidadãos.

- O património como alavanca de desenvolvimento e de atratividade: contribui para a criação de atratividade turística, uma vez que a oferta patrimonial continua a ser um fator importante na escolha do destino e, por conseguinte, contribui de forma significativa para o desenvolvimento do turismo no território.
- O património cria empregos: promover e falar sobre o património é uma oportunidade para manter ou criar empregos indiretamente, contribuindo para a atratividade do turismo através do desenvolvimento do sector turístico (restaurantes, cafés, etc.).
- O património desempenha um papel na preservação do ambiente: o património não se limita aos monumentos históricos, mas também aos sítios naturais e às paisagens. A preservação do património é uma forma positiva de contribuir para a transição ecológica e para a preservação do ambiente e da biodiversidade.

"A proteção do património faz, portanto, parte de uma abordagem responsável e sustentável, uma vez que visa reutilizar e restaurar em vez de destruir ou construir noutro local. (Portal do Património, 2023)

eme No caso da cidade de Rabat, a preservação do seu património permitiu que a região de Rabat-Sale-Kenitra se tornasse o 6º destino turístico de Marrocos, atrás de Marraquexe, Agadir, Casablanca, Fez e Tânger, demonstrando assim o seu potencial turístico. Rabat representa 80% da oferta turística da região, com um total de 602.360 turistas em 2012, contra apenas 16.290 em Sale, a cidade vizinha, segundo o Ministério do Turismo e do Artesanato. Além disso, foram registadas 257 472 dormidas nos estabelecimentos de alojamento turístico de Rabat durante os primeiros quatro meses de 2024, contra 243 653 entre janeiro e abril de 2023, o que representa um aumento de 6%, segundo o Observatório do Turismo. Este desempenho pode ser explicado, em particular, pelo desenvolvimento da cidade e pelas atracções culturais e patrimoniais que oferece. Graças à sua proximidade com o público, o património é uma alavanca fundamental da política cultural, revelando todo o seu potencial. Valorizar e proteger o nosso património significa contribuir para a sua transmissão de geração em geração e para a preservação da nossa memória colectiva.

1-4 As desvantagens da preservação do património.

A preservação e a valorização do património, como qualquer política territorial, podem ter efeitos negativos e alguns inconvenientes, por exemplo:

- Não há dúvida de que falar de património, mantê-lo e melhorá-lo, tem um custo enorme e exige uma grande quantidade de despesas. Obviamente, os montantes concedidos e afectados ao património são injustos e desiguais, consoante a cidade e a região. Além disso, por vezes, estes projectos de restauro, conservação ou melhoramento não têm retorno, rentabilidade ou impacto direto nas condições de vida dos habitantes locais.
- A política de valorização do património não atinge necessariamente os objectivos económicos pretendidos, dada a sua incompatibilidade com as políticas governamentais. Muitas vezes, os interesses nacionais, regionais ou locais podem colidir, e um projeto de valorização do património pode entrar em conflito com um projeto e uma política de desenvolvimento nacional, o que faz com que não haja apoio do Estado (subsídios, competências, recursos logísticos, etc.).
- A valorização e a valorização do património podem provocar certas desigualdades e criar uma espécie de exclusão na distribuição dos rendimentos. Com efeito, os benefícios gerados pelo património melhoram as condições de vida das pessoas do sector turístico sem melhorar as dos habitantes com baixos rendimentos.
- O aspeto político da valorização do património pode, por sua vez, ter efeitos negativos no desenvolvimento económico, uma vez que a escolha dos bens patrimoniais a promover e valorizar pode, por vezes, ser objeto de conflitos económicos e políticos, em função das preferências dos decisores, que podem ser diametral e radicalmente opostas.

A conversação, preservação e valorização do património não contribui necessariamente para o desenvolvimento económico, mas requer uma análise do potencial, um estudo de impacto e um conhecimento aprofundado das dinâmicas económicas e sociais do território. É claro que a atitude e a perceção da população em relação ao património é crucial para a sua valorização económica, e o conhecimento detalhado dos seus bens é um fator significativo e óbvio no desenvolvimento económico.

2. O património e os desafios do desenvolvimento sustentável.

A abordagem do património não pode ser dissociada do desenvolvimento sustentável. De facto, como salientámos brevemente na primeira parte do nosso estudo, a conservação do património contribui para a preservação do ambiente e da biodiversidade. No entanto, o que significa realmente o conceito de desenvolvimento sustentável? E qual é a relação entre o desenvolvimento sustentável e o património?

2-1 Desenvolvimento sustentável.

No final da década de 1980, o conceito de desenvolvimento sustentável foi definido por uma frase famosa cunhada pela então primeira-ministra da Noruega, Harlem Gro Brundtland:

"Desenvolvimento que satisfaz as necessidades do presente sem comprometer a capacidade das gerações futuras de satisfazerem as suas próprias necessidades. (Gro Brundtland, H., 1987).

Esta definição sublinha a necessidade e a importância de uma dupla solidariedade: a solidariedade intergeracional ao longo do tempo, para os interesses futuros, e a solidariedade no presente.

Além disso, o Tratado de Maastricht de 1992 da Comissão Europeia dá uma nova definição do conceito de desenvolvimento sustentável, descrevendo-o como uma política destinada a assegurar a continuidade do desenvolvimento social e económico ao longo do tempo, respeitando o ambiente e, naturalmente, sem comprometer ou danificar os recursos naturais:

"Determinados a promover o progresso económico e social dos seus povos, no âmbito da realização do mercado interno e do reforço da coesão e da proteção do ambiente, e a aplicar políticas que garantam progressos paralelos na integração económica e noutros domínios". [eme](Extrato do Tratado de Maastricht da Comissão Europeia, 7 de

1992).

Por outro lado, o desenvolvimento sustentável só pode ser posto em prática e fixado na mente das pessoas se forem tidos em conta vários factores, incluindo a educação, o intercâmbio de experiências, a formação e a cultura, que podem provocar mudanças de comportamento e de estilos de vida que abalem os hábitos das pessoas.

O conceito de desenvolvimento sustentável está estreitamente relacionado com a noção de desenvolvimento, que se baseia na noção de progresso. Assim, este conceito é definido como um processo de desenvolvimento baseado na eficácia económica, no respeito pelo ambiente e, sobretudo, no progresso social. Combina e concilia três grandes fundamentos, muitas vezes antagónicos mas necessários: a proteção do ambiente é indissociável do desenvolvimento humano e o desenvolvimento económico não deve esgotar os recursos humanos e naturais.

Figura -2-: Os pilares do desenvolvimento sustentável

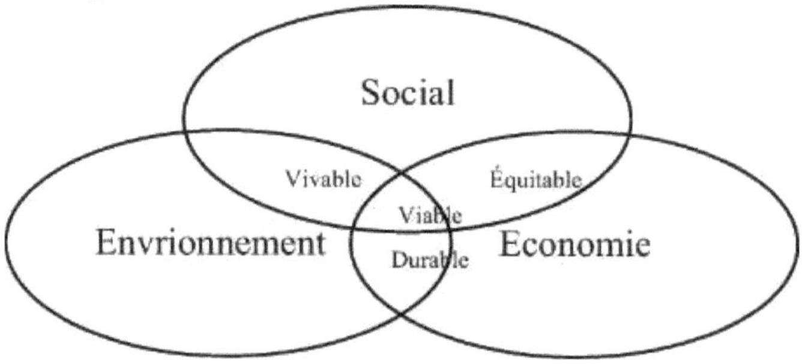

Fonte: Reproduzido de (Laboudi, S., 2013)

Não há dúvida de que o desenvolvimento sustentável é uma abordagem global com uma visão de futuro, capaz de articular o curto prazo com o longo prazo. Por outras palavras, trata-se de alargar o horizonte temporal e espacial, tendo em conta as gerações futuras. Este conceito tem várias finalidades e objectivos, incluindo, por exemplo: a equidade e a solidariedade sociais, o respeito pelos ecossistemas, a preservação da biodiversidade, o acesso ao conhecimento, a produção e o consumo responsáveis, a eficiência económica e, mais importante para nós, a proteção do nosso património.

De facto, a partir de 1995, quando as discussões se centravam apenas no aspeto ambiental, foram-se progressivamente voltando para o ambiente urbano, e foi na primeira conferência bienal das cidades, em Lyon, que reuniu vários urbanistas, que se levantou a questão da necessidade de uma ligação entre o desenvolvimento sustentável e as cidades, conduzindo a uma abordagem baseada em três princípios-chave e importantes:

Quadro -2- : Abordagem do evento bienal das cidades de Lyon

Abordagem ecossistémica.	Uma abordagem patrimonial.	Uma abordagem participativa.
Pri ncipal a cidade como consumidora de recursos naturais.	Princípio que dá prioridade ao acesso cultural no interesse da salvaguarda da diversidade cultural, das caraterísticas do património e da melhoria do ambiente de vida.	Um princípio que dá prioridade ao aspeto político e visa ter mais em conta as realidades locais.

Fonte: Reproduzido de (Laboudi, S., 2013)

Existe uma ligação clara entre o património e o desenvolvimento sustentável, uma vez que este último contribui para valorizar a cultura e melhorar a gestão dos bens arquitectónicos, paisagísticos e urbanos.

2-2 Impacto dos edifícios no ambiente.

Os edifícios (casas, blocos de apartamentos e casas particulares) consomem uma enorme quantidade de energia e o sector da construção tem, sem dúvida, um impacto no ambiente e no clima. Na realidade, o sector gera 23% da poluição atmosférica, 40% da poluição da água potável e 50% dos resíduos, além de ser um grande utilizador de recursos, a maioria dos quais não renováveis.

De facto, as repercussões afectam a biodiversidade e têm um efeito significativo e prejudicial a longo prazo na flora e na fauna. [9]Em termos de poluição atmosférica, os edifícios são responsáveis por quase 39%

[9] O dióxido de carbono, mais conhecido pela sua fórmula molecular CO2, desempenha um papel ativo na respiração dos organismos vivos e na fotossíntese das plantas. Nos últimos 150 anos, a quantidade de CO2 na atmosfera aumentou dez vezes. De 180 ppm em 1850, passou para quase 400 ppm em 2016. Embora ainda não tenha sido elaborada uma lista exaustiva dos efeitos do aumento do dióxido de carbono na atmosfera, já são visíveis algumas consequências (revista GEO, 2022).

das emissões de dióxido de carbono. No que se refere aos resíduos, o sector da construção produz anualmente em Marrocos, como em qualquer outra parte do mundo, uma quantidade maciça, estimada em 41,9 milhões de toneladas de resíduos de construção e de obras públicas por ano, ou seja, 90% do total dos resíduos produzidos, sem qualquer valorização em Marrocos, que acabam em aterros públicos, uma vez que a reciclagem não é obrigatória.

Felizmente, o sector da construção está a mudar, embora lentamente, mas incorporando cada vez mais a abordagem e o aspeto ambiental. [10]De facto, os edifícios ecológicos tornaram-se uma tendência apoiada por financiamentos governamentais e muitas empresas estão a recorrer a tecnologias modernas, como a energia solar. [11]A renovação energeticamente eficiente dos edifícios existentes também pode reduzir significativamente o consumo de energia e as emissões de gases com efeito de estufa .

Por outro lado, é inegável que a arquitetura tradicional marroquina está a florescer graças à preservação de técnicas de construção ancestrais que permitem o arrefecimento passivo dos edifícios, bem como à utilização de materiais locais que garantem uma construção sustentável e respeitadora do ambiente.

2-3 Princípios e ferramentas para um património sustentável.

A proteção de bens patrimoniais excepcionais (grandes paisagens naturais ou monumentos históricos) é vista como uma contribuição intrínseca para o bem-estar da humanidade. O património dá certamente um contributo importante para o desenvolvimento sustentável nas suas várias dimensões: redução da pobreza e das desigualdades, melhoria dos serviços de saúde e segurança ou preservação dos recursos naturais. Muitas vezes, o património é também um trunfo fundamental para o

---

[10] Os edifícios ecológicos são aqueles que, na sua conceção, construção e funcionamento, reduzem ou eliminam os impactos negativos no ambiente. São também capazes de ter um impacto positivo no nosso clima e ambiente natural. Estas caraterísticas orientadas para o ambiente não impedem, no entanto, que os edifícios sirvam o seu objetivo e funcionem corretamente. (Gestão da Energia, 2021).

[11] Certos gases naturalmente presentes na atmosfera terrestre ajudam a reter o calor junto à superfície da Terra. São conhecidos como "gases com efeito de estufa" (GEE) e consistem principalmente em vapor de água, dióxido de carbono, metano, óxido nitroso e ozono. Sem estes gases, a temperatura média da Terra seria de -18°C e a vida na Terra seria impossível (Ministere de l'Environnement, de la Lutte contre les changements climatiques, de la Faune et des Parcs, Quebec, 2024).

desenvolvimento económico, nomeadamente através do turismo.

"Embora seja comum associar a proteção da "cultura" ao "desenvolvimento sustentável" - a ideia de preservar um património em benefício das gerações presentes e futuras é, de facto, inerente a ambos os conceitos - a definição clássica de desenvolvimento sustentável e o conteúdo desta noção, tal como especificado por certos textos fundadores, ignoram geralmente a importância da cultura para o desenvolvimento das sociedades." (Guevremont, V., 2014, p. 161).

É inegável que o desenvolvimento sustentável e o património estão extremamente ligados, e os bens que compõem este último são considerados bens duradouros que visam satisfazer as necessidades das gerações presentes e futuras, razão pela qual são considerados património sustentável. É por isso que foram implementados inúmeros programas e acções, tais como a inscrição de monumentos históricos na lista do património nacional, a classificação de locais de interesse e a assinatura de acordos de desenvolvimento para várias áreas urbanas, como parte de um processo global.

3. O património sustentável como perspetiva de desenvolvimento.

Como já foi referido, no início do seu novo reinado, o Rei Mohammed VI quis fazer de Rabat uma capital moderna e uma cidade de história, graças a um património comum. [12]Esta abordagem foi reforçada pela inscrição da cidade na lista do Património Mundial da UNESCO desde julho de 2012, afirmando assim o valor universal genuíno e indiscutível da capital do reino e destacando o seu desenvolvimento reconhecido.

3-1 Medidas urbanísticas e regulamentares de proteção do património de Rabat.

Integridade, autenticidade e exigências em matéria de gestão e de proteção, foram elaboradas várias medidas de proteção dos monumentos históricos, dos conjuntos urbanos, dos sítios

---

[12] A Organização das Nações Unidas para a Educação, a Ciência e a Cultura (UNESCO) é uma instituição internacional criada em 1945, na sequência da Segunda Guerra Mundial. É uma agência especializada da Organização das Nações Unidas (ONU) e o seu objetivo é manter a segurança e a paz através da ciência, da cultura e da educação, promovendo a colaboração entre as nações, a fim de promover o respeito universal pelo Estado de direito, a justiça, as liberdades fundamentais e os direitos humanos (UNESCO: Convenção do Património Mundial, 2024).

arqueológicos e das paisagens urbanas. [11]No que diz respeito a Rabat, é considerada *"um lugar de considerável intercâmbio de influências"* e *"um exemplo notável de um conjunto arquitetónico que ilustra um período significativo da história humana"*, de acordo com os critérios II e IV da UNESCO, o que levou à criação de várias leis, medidas e regulamentos para a cidade. Entre as leis que permitiram e continuam a permitir a proteção do património, contam-se três leis sucessivas:
- O Dahir de 13 de fevereiro de 1914: relativo à conservação dos monumentos históricos, das obras de arte e das antiguidades do Império Cherifiano e das inscrições, bem como à proteção das zonas circundantes dos monumentos e sítios.
- Dahir de 21 de julho de 1945: relativo à conservação dos monumentos e sítios históricos, das obras de arte e das antiguidades, bem como à proteção das cidades antigas e da arquitetura regional.
- Dahir n° 1-80-341, promulgado pela lei n° 22-80: relativo à conservação dos monumentos e sítios históricos, das inscrições e das obras de arte e antiguidades.

[13]Além disso, a fim de cumprir estes compromissos, foi lançado em 2017 um Plano de Desenvolvimento e Conservação do Património (P.A.S.P), abrangendo uma área descontínua constituída por duas componentes da cidade de Rabat, ambas inscritas na Lista do Património Mundial da UNESCO: a cidade nova, compreendendo uma área de 146 hectares, que faz parte do distrito de Rabat Hassan, e o Bairro Habous localizado em Diour Jamaa, abrangendo uma área de 4 hectares, que faz parte do distrito de Agdal Ryad. Este estudo é considerado um documento ambicioso, motivado por um forte desejo de evitar o desaparecimento ou danos irreversíveis no núcleo histórico de Rabat.

"Os desafios económicos, a renovação urbana e a especulação imobiliária exercem uma forte pressão sobre o tecido do século XX", *afirmam, "trata-se sobretudo de apoiar o futuro da cidade, a fim de*

[13] Para serem incluídos na Lista do Património Mundial da UNESCO, os sítios propostos devem ter um valor excecional e universal e satisfazer, pelo menos, dois dos dez critérios (UNESCO: Convenção do Património Mundial, 2024).

assegurar a continuidade com o passado e de deixar uma marca duradoura, no espaço e na memória colectiva, na cidade de amanhã" (Plan d'amenagement et sauvegarde du patrimoine de la ville de Rabat, Rapport justificatif, 2017).

O PASP é, pois, antes de mais, um instrumento de planeamento e de gestão que permite coordenar o conjunto das acções a empreender para a salvaguarda do património arquitetónico, urbanístico e paisagístico e as medidas a tomar para a sua execução.

Posteriormente, em novembro de 2021, foi lançado um Plano Especial de Ordenamento (PEO), que conduziu à proteção jurídica da zona e a uma melhor e mais rigorosa tomada de decisões. [14]Em resultado do PAS, qualquer projeto (restauro, renovação, reparação, reabilitação ou construção nova) deve ser submetido a um estudo de impacto patrimonial (EIP) ou a uma avaliação pela Inspeção dos Monumentos e Sítios Históricos, antes de poder ser aprovado e autorizado para execução. E, durante a fase de construção, podem ser efectuadas visitas sem aviso prévio por uma comissão de inspeção para garantir a conformidade dos trabalhos e a manutenção dos sítios em causa em estado de proteção.

As medidas urbanísticas e regulamentares, bem como as acções empreendidas pela cidade de Rabat, permitiram salvaguardar, proteger e valorizar o seu património. As acções empreendidas no domínio da governação e da cultura, como a elaboração de planos de salvaguarda para a medina, o centro da cidade e Diour Jamaa, as campanhas de comunicação urbana e as campanhas de informação, contribuíram igualmente para valorizar este rico património.

3-2 Perspectivas de desenvolvimento e visões de futuro.

É claro e indiscutível que a salvaguarda do património é essencial e que, apesar dos muitos desafios que as cidades enfrentam e das pressões a que estão sujeitas (económicas, políticas e sociais), a proteção da cultura deve ser uma prioridade ainda maior. Por conseguinte, é necessário continuar com as etapas, acções e medidas empreendidas até

[14] É um dos representantes do Ministério da Cultura que realiza a inspeção dos sítios e monumentos históricos e, por conseguinte, gere o património nacional. (Istasse, M., 2013, pp. 377-384).

à data, a fim de assegurar uma gestão adequada a longo prazo.
Como vimos, esta iniciativa impulsionou o turismo na cidade de Rabat, com um aumento significativo das dormidas nos estabelecimentos de alojamento turístico, como se pode ver abaixo:

Quadro -3-: Evolução das dormidas nos estabelecimentos de alojamento turístico em Rabat de 2014 a 2023.

2014	2015	2016	2017	2018	2019	2020	2021	2022	2023
639 272	618 951	629 685	714 700	778 629	785 260	339 080	371 724	669 137	819 827

Fonte: Reproduzido de (Royaume du Maroc, Ministere du Tourisme, de l'Artisanat et de l'Economie Sociale et Solidaire, 2024).

Não há dúvida de que o número de dormidas em estabelecimentos de alojamento turístico em Rabat aumentou acentuadamente, com exceção de 2020 e 2021, devido à crise sanitária da Covid-19. Estes resultados são extremamente encorajadores para a cidade, nomeadamente as 819.827 dormidas alcançadas em 2023, e a ambição é atingir a marca do milhão de turistas até ao final de 2024, a fim de alcançar um desenvolvimento sustentável na capital marroquina e melhorar as condições de vida dos seus habitantes. Além disso, segundo um antigo vereador e deputado local, a responsabilidade não é apenas das autoridades locais e do Estado, mas é partilhada com os cidadãos, que têm o dever de desempenhar o seu papel na valorização e preservação do património da cidade. Nas suas palavras: *"O problema não é apenas administrativo, é também, e sobretudo, humano. É preciso que todos se envolvam no projeto de valorização do património urbano da cidade. É por isso que proponho a criação de uma associação dedicada à preservação deste património"*. (Valorização do património urbano de Rabat, 2011).
Com efeito, é igualmente importante envolver os cidadãos e incluir uma abordagem participativa no processo patrimonial, mas, evidentemente, dar especial importância à investigação e aos estudos com o objetivo de melhor compreender e salvaguardar o património.

Conclusão

Este estudo recorda-nos a importância do património no desenvolvimento sustentável das cidades, nomeadamente da cidade de

Rabat, capital de Marrocos. A preservação e a salvaguarda do património contribuem de forma determinante para a transmissão do património e do bem comum de uma geração para a outra, bem como para a revitalização da unidade urbana. É por isso que é fundamental conciliar o património com o desenvolvimento sustentável, algo que Rabat soube compreender rapidamente e que lhe permitiu tornar-se uma das cidades mais visitadas do reino, bem como uma das mais desenvolvidas. Graças a uma forte vontade política e a um conjunto de medidas e acções postas em prática, Rabat é uma cidade promotora de um património sustentável, com um passado riquíssimo e um futuro muito promissor.

Bibliografia

- *Reino de Marrocos, Ministério da Cultura (janeiro de 2011). Rabat, capital moderna e cidade histórica: um património comum - Plano de gestão - Candidatura à Lista do Património Mundial apresentada pelo Reino de Marrocos.*
- *https://fr.wikipedia.org/wiki/Henri_Prost. (s.d.).*
- *Arquitetura. (2024, 05 16). Recuperado de Centre d'archives d'architecture contemporaine: https://archiwebture.citedelarchitecture.fr/archive/fonds/FRAPN02_PROST/inventaire/objet-21564*

Arquitetura. (2024, 05 16). Recuperado de Centre d'archives d'architecturecontemporaine : https://archiwebture.citedelarchitecture.fr/archive/fonds/FRAPN02_ECOMI

Gestão da Região de Rabat. (s.d.). Retirado de https://www.rra.ma

Ministere de Γamenagement du territoire national, de l'Urbanisme, de l'Habitat et de la Politique de la Ville; Wilaya de la region de Rabat-Sale-Kenitra; Prefecture de Rabat; Commune urbaine de Rabat; Agence urbaine de Rabat-Sale (2017). Plan d'amenagement et sauvegarde du patrimoine de la ville de Rabat, Rapport justificatif. Rabat. Portail du patrimoine. (2023). Obtido de Fondation du patrimoine: https://www.portailpatrimoine.fr/qui-sommes- us

Gro Brundtland, H. (1987). O Nosso Futuro Comum da Comissão

Mundial para o Ambiente e o Desenvolvimento.
Extrato do 7º considerando de Maastricht da Comissão Europeia. (1992).
Laboudi, S. (2013). Rumo a uma renovação urbana sustentável: o caso do bairro Yacoub Al Mansour, Rabat.
Guevremont, V. (2014). Desenvolvimento sustentável ao serviço do património cultural: a propos de la Convention pour la Sauvegarde du Patrimoine Culturel Immateriel. Ethnologies, 36 (1-2).
UNESCO: Convenção do Património Mundial (2024).
Obtido em https://whc.unesco.org/fr/criteres/
UNESCO: Convenção do Património Mundial (2024).
Obtido em https://whc.unesco.org/fr
Reino de Marrocos, Ministere du Tourisme, de l'Artisanat et de l'Economie Sociale et Solidaire. (2024). Retirado de Tourist arrivals : Recorde de afluência: https://mtaess.gov.ma/fr/tourisme/chiffres-cles/
Revista GEO. (2022, 10 28). Obtido em https://www.geo. fr/environment/co2-what-is-carbon-dioxide-193560#
Gestão da energia. (2021). Recuperado de KNX: https://sustainabilityknx.org/fr/articles-fr/what-is-a-green- building-and-what-are-its-features/
Ministério do Ambiente, da Luta contra as Alterações Climáticas, da Fauna e dos Parques, Quebeque (2024). Recuperar sobre https://www.environnement.gouv.qc.ca/air/questce-ges.htm#:~:text=São%20apeles%20"%20gases%20 a,'ozono°%20(O3).
Istasse, M. (2013). Politique patrimoniale a Fes et rdle de l'Inspection des monuments historiques. Centre Jacques- Berque.
Valorização do património urbano de Rabat (2011). Obtido em https://lematin.ma/journal/2011/Initiative_Valoriser- le-patrimoine--urbain-de-Rabat/157120.html

Parte III

Igualdade socio-espacial e inteligência urbana

O advento da era do desenvolvimento sustentável veio abalar profundamente os paradigmas do planeamento urbano e regional. Para além das considerações puramente ambientais, esta nova abordagem holística visa repensar radicalmente a forma como os espaços urbanos são concebidos e geridos, colocando a equidade socio-espacial e a inteligência territorial no centro das preocupações.

No mundo árabe, onde a urbanização galopante foi muitas vezes acompanhada por uma preocupante fragmentação do tecido urbano, a questão da justiça espacial entre os bairros centrais e as zonas periféricas é particularmente aguda. É agora essencial analisar em profundidade as dinâmicas segregacionistas em ação e identificar as alavancas de ação que podem ser utilizadas para reduzir estas clivagens sócio-espaciais, que são uma fonte de desigualdade e tensão.

Nesta perspetiva, o conceito de inteligência urbana surge como uma ferramenta particularmente promissora para repensar a governação das cidades e otimizar a distribuição dos recursos e dos serviços no território. O estudo de caso de Casablanca, uma megalópole em mudança radical, permitirá compreender concretamente o papel fundamental que as tecnologias da informação e da comunicação podem desempenhar na redução das disparidades socioespaciais e na construção de cidades mais justas e inclusivas.

Planeamento urbano sustentável no mundo árabe: a situação atual e o desafio da justiça espacial entre o centro e a periferia

[1]Rachida BAILI Jamila OUARDI [15] [16]

Currículo :

Este artigo examina o estado atual e as perspectivas futuras do planeamento urbano sustentável no mundo árabe, centrando-se na questão da justiça espacial entre centros urbanos e periferias. O estudo começa por traçar a evolução do conceito de urbanismo sustentável no contexto específico dos países árabes, analisando os seus fundamentos teóricos e aplicações práticas. Em seguida, analisa a dicotomia centro-periferia caraterística de muitas cidades árabes, explorando as disparidades socio-espaciais daí resultantes e as suas implicações para o desenvolvimento urbano sustentável.

O artigo identifica e analisa os principais desafios que as cidades árabes enfrentam na implementação de políticas de planeamento urbano sustentável, incluindo obstáculos institucionais, económicos e culturais. Por último, propõe um modelo integrado de planeamento urbano sustentável adaptado às especificidades do mundo árabe, destinado a promover um desenvolvimento urbano mais equitativo e respeitador do ambiente. Este modelo baseia-se em exemplos concretos e estudos de caso de várias metrópoles árabes.

Palavras-chave: Planeamento urbano sustentável, mundo árabe, justiça espacial, dicotomia centro-periferia, desenvolvimento urbano equitativo, planeamento urbano, cidades sustentáveis, política urbana, disparidades socioespaciais, ambiente urbano

Introdução: Contexto e questões do planeamento urbano sustentável no mundo árabe

O planeamento urbano sustentável no mundo árabe é um paradigma complexo e multidimensional que exige uma abordagem holística que

---

1- *Doutor em Geoambiente Membro do Laboratoire Geo-Ingenierie et environnement (LGIE)Faculte des sciences Meknes,*

[16] - *Professor-investigador, CRMEF, Casablanca Settat.*

tenha em conta as especificidades socioculturais, económicas e ambientais da região. Num contexto de crescimento urbano rápido e muitas vezes anárquico, caracterizado por uma forte pressão demográfica e por grandes desafios ambientais, como a escassez de recursos hídricos e a degradação dos ecossistemas, as cidades árabes vêem-se confrontadas com o imperativo de repensar os seus modelos de desenvolvimento urbano.

A questão do planeamento urbano sustentável nesta região gira em torno da necessidade de conciliar as exigências da modernização e da competitividade económica com os princípios da sustentabilidade ambiental e da equidade social, preservando simultaneamente a identidade cultural e patrimonial do tecido urbano. Esta procura de equilíbrio depara-se com obstáculos estruturais, como a fragmentação da governação urbana, as acentuadas desigualdades socioespaciais entre centros e periferias e a prevalência de padrões de consumo insustentáveis.

A questão crucial da justiça espacial, que está na base da distribuição equitativa de recursos, serviços e oportunidades no espaço urbano, está a emergir como uma área fundamental de reflexão e ação para o planeamento urbano sustentável no mundo árabe.

Este problema levanta questões fundamentais sobre a forma como os conceitos e práticas de planeamento urbano sustentável, desenvolvidos principalmente em contextos ocidentais, podem ser adaptados e postos em prática nas realidades específicas das cidades árabes, que são marcadas por dinâmicas socioespaciais, estruturas de governação e desafios ambientais únicos.

O objetivo da exploração destas questões é contribuir para o desenvolvimento de estratégias e políticas urbanas inovadoras, capazes de promover um desenvolvimento urbano sustentável e inclusivo que satisfaça as aspirações das populações locais, tendo simultaneamente uma visão global da sustentabilidade.

I. A evolução do planeamento urbano sustentável no contexto árabe: fundamentos teóricos e práticos

I.1 Origens e desenvolvimento do conceito de planeamento urbano

sustentável

O conceito de planeamento urbano sustentável tem as suas raízes nos movimentos ambientais e sociais do século XX, mas a sua formalização e integração nas políticas urbanas cristalizou-se em torno do relatório Brundtland de 1987.

Este relatório, intitulado "O Nosso Futuro Comum", lançou as bases para uma reflexão global sobre o desenvolvimento sustentável, incluindo a sua dimensão urbana (Gro Harlem Brundtland, 1987, p. 43).

O planeamento urbano sustentável desenvolveu-se então como uma resposta aos desafios ambientais, sociais e económicos colocados pela urbanização galopante e por modelos de desenvolvimento urbano insustentáveis.

O trabalho de François Ascher (2001, p. 79) sobre o "desenvolvimento urbano sustentável" contribuiu para teorizar esta abordagem, salientando a importância de um planeamento urbano integrado que tenha em conta as interações complexas entre os sistemas urbanos e o seu ambiente.

A Carta de Aalborg (1994), seguida das conferências das Nações Unidas sobre os assentamentos humanos (Habitat II em 1996 e Habitat III em 2016), marcaram etapas cruciais na institucionalização do planeamento urbano sustentável a nível internacional, definindo quadros de ação e objectivos concretos para as cidades (Catherine Charlot-Valdieu e Philippe Outrequin, 2009, p. 22).

I.2 Adaptação dos princípios de sustentabilidade às realidades urbanas árabes

A adaptação dos princípios do planeamento urbano sustentável ao contexto árabe exige uma reavaliação crítica dos modelos ocidentais e a sua adaptação às especificidades locais. O trabalho de Youssef Diab e Salem Dahir (2011, p. 156) destaca os desafios específicos que as cidades árabes enfrentam, incluindo a gestão da água em ambientes áridos, a preservação do património urbano face à modernização e a conciliação das estruturas urbanas tradicionais com as exigências da vida contemporânea.

O estudo de Nabil El-Khoury e Pierre-Antoine Barthel (2017, p. 89)

sobre os bairros ecológicos no mundo árabe sublinha a necessidade de uma abordagem contextual, que integre o conhecimento vernacular da arquitetura bioclimática e da gestão dos recursos.
Esta adaptação implica também a redefinição da governação urbana, como sugerido pela investigação de Mona Fawaz (2019, p. 203), que defende uma maior participação dos cidadãos e a descentralização dos processos de tomada de decisão no planeamento urbano, a fim de melhor responder às necessidades específicas das comunidades locais.

I.3 Análise comparativa das abordagens teóricas e práticas em diferentes países árabes

Uma análise comparativa das abordagens de planeamento urbano sustentável no mundo árabe revela uma diversidade de estratégias e níveis de implementação. O trabalho de Eric Verdeil (2018, p. 112) sobre as políticas urbanas sustentáveis no Magrebe e no Machereque destaca disparidades significativas entre os países do Golfo, que se concentram em projetos urbanos de alta tecnologia e intensivos em energia, e os países do Magrebe, que favorecem abordagens mais enraizadas nas realidades socioeconómicas locais.
O estudo de Safaa Monqid e Aziz Iraki (2020, p. 67) sobre Marrocos e o Egito salienta as tensões entre as ambições nacionais de sustentabilidade urbana e os condicionalismos locais, nomeadamente em termos de capacidade institucional e de recursos financeiros.
A investigação de Pierre-Arnaud Barthel e Valerie Clerc (2015, p. 178) sobre as novas cidades sustentáveis no mundo árabe revela os limites das abordagens do topo para a base e a importância da co-construção de projectos urbanos com as partes interessadas locais. Estas análises comparativas salientam a necessidade de uma abordagem flexível e adaptável ao planeamento urbano sustentável, capaz de ter em conta a diversidade dos contextos urbanos árabes, aderindo simultaneamente a uma visão comum da sustentabilidade.

II. A dicotomia centro-periferia nas cidades árabes: análise das disparidades socio-espaciais

II.1 Caracterização dos centros urbanos e das periferias nas cidades árabes

A morfologia das cidades árabes contemporâneas caracteriza-se por uma dicotomia acentuada entre centros urbanos e periferias, resultado de uma evolução histórica complexa e de dinâmicas socioeconómicas específicas.

Os trabalhos de Jean-François Troin (2006, p. 219) sobre as metrópoles do Magrebe sublinham a coexistência de centros históricos (medinas) densamente povoados e muitas vezes degradados, de centros urbanos coloniais com funções predominantemente administrativas e comerciais e de subúrbios em rápida expansão e muitas vezes não planeados.

Esta configuração espacial é igualmente visível nas cidades do Machereque, como sublinha o estudo de Eric Denis (2007, p. 78) sobre o Cairo, onde a distinção entre um centro multifuncional e as periferias residenciais se acentua, o que provoca problemas de mobilidade e de acesso aos serviços urbanos.

A investigação de Raffaele Cattedra (2010, p. 145) sobre as cidades do Golfo revela uma estrutura espacial diferente, caracterizada por uma extrema expansão urbana e uma segregação socioespacial mais acentuada, resultado de um planeamento urbano centrado no automóvel e na criação de bairros especializados.

II.2 Factores históricos, económicos e políticos da segregação espacial

A segregação espacial nas cidades árabes é o resultado de uma complexa interação de factores históricos, económicos e políticos. O trabalho de Robert Ilbert (2010, p. 89) sobre o planeamento urbano colonial no Magrebe mostra como as políticas de zonamento e de separação da população lançaram as bases para uma segregação espacial duradoura.

No plano económico, a investigação de Bouziane Semmoud (2015, p. 132) sublinha o impacto das políticas neoliberais adoptadas desde os anos 80 no acentuar das desigualdades socioespaciais, com a criação de bairros comerciais e de zonas residenciais de luxo em contraste com subúrbios precários.

O estudo de Myriam Ababsa sobre Amã (2013, p. 201) sublinha o papel das políticas fundiárias e das estratégias de planeamento na perpetuação da segregação, nomeadamente através da distribuição desigual do investimento público entre o centro e a periferia.

Além disso, o trabalho de Pierre Signoles (2014, p. 167) sobre as cidades do Norte de África destaca o impacto das políticas de realojamento e de renovação urbana nas dinâmicas de povoamento, contribuindo frequentemente para reforçar a segregação socioespacial.

II.3 Impactos sociais e ambientais da dicotomia centro-periferia

A dicotomia centro-periferia nas cidades árabes tem impactos sociais e ambientais significativos, comprometendo a sustentabilidade urbana. Em termos sociais, a investigação de Lamia Zaki (2011, p. 178) em Marrocos destaca os efeitos da marginalização espacial no acesso ao emprego, à educação e aos serviços de saúde por parte das populações periféricas, perpetuando ciclos de pobreza.

O estudo de Madani Safar Zitoun (2016, p. 93) sobre Argel sublinha como esta segregação espacial alimenta as tensões sociais e um sentimento de exclusão entre os habitantes das periferias. De um ponto de vista ambiental, o trabalho de May Davie (2012, p. 211) sobre Beirute mostra que a expansão urbana descontrolada em direção às periferias está a conduzir a um consumo excessivo de terras agrícolas e à degradação dos ecossistemas periurbanos.

Além disso, a análise de Taoufik Souami (2018, p. 156) das cidades do Golfo revela que a estrutura urbana centro-periferia, fortemente dependente do automóvel, está a contribuir para o aumento das emissões de gases com efeito de estufa e para a deterioração da qualidade do ar. Estes impactos cumulativos colocam grandes desafios à concretização de um desenvolvimento urbano sustentável e equitativo nas cidades árabes, exigindo abordagens integradas ao planeamento e gestão urbanos.

III. Os desafios da implementação do planeamento urbano sustentável: obstáculos e oportunidades no mundo árabe

III.1 Obstáculos institucionais e regulamentares

Os obstáculos institucionais e regulamentares são um grande obstáculo à implementação do planeamento urbano sustentável no mundo árabe.

O trabalho de Pierre-Arnaud Barthel (2016, p. 124) sobre a governação urbana no Magrebe destaca a fragmentação das competências entre diferentes instituições, muitas vezes concorrentes, o que dificulta uma abordagem integrada do planeamento urbano sustentável. Esta fragmentação é exacerbada por um quadro regulamentar que é frequentemente obsoleto ou mal adaptado às questões de sustentabilidade contemporâneas, como salienta o estudo de Mona Fawaz (2017, p. 89) sobre o Líbano. A investigação de Eric Verdeil (2019, p. 203) sobre as políticas energéticas urbanas no mundo árabe também revela a persistência de estruturas de governação centralizadas que limitam a autonomia das autoridades locais na implementação de projetos urbanos sustentáveis. Além disso, a análise de Franck Mermier (2015, p. 167) sobre as cidades do Golfo destaca as contradições entre as ambições declaradas de sustentabilidade e as práticas de governação pouco transparentes ou participativas, o que limita a apropriação dos projetos sustentáveis pelos cidadãos.

III.2 Condicionalismos económicos e financeiros

As restrições económicas e financeiras representam um grande desafio para o planeamento urbano sustentável no mundo árabe. O estudo de Nabil El-Khoury (2018, p. 132) sobre o financiamento de projetos urbanos sustentáveis no Médio Oriente destaca a dificuldade de acesso ao capital de longo prazo necessário para o investimento em infraestruturas verdes e tecnologias limpas. O trabalho de Leila Vignal (2017, p. 211) sobre a economia política das cidades árabes realça as tensões entre os imperativos de crescimento económico a curto prazo e os objectivos de sustentabilidade a longo prazo, levando frequentemente a uma preferência por projectos urbanos espectaculares mas insustentáveis. Além disso, a análise de Sami Zemni e Koenraad Bogaert (2020, p. 78) sobre as políticas neoliberais nas cidades árabes revela como a privatização dos serviços urbanos e a especulação fundiária podem comprometer a acessibilidade e a equidade dos projectos de desenvolvimento sustentável, exacerbando as desigualdades socioespaciais.

III.3 Desafios socioculturais e resistência à mudança

Os desafios socioculturais e a resistência à mudança são barreiras significativas à adoção de práticas de planeamento urbano sustentável no mundo árabe. A investigação de Myriam Catusse e Karam Karam (2014, p. 156) sobre a participação dos cidadãos nas cidades árabes destaca a fraca cultura de envolvimento cívico e a desconfiança nas instituições públicas, limitando o envolvimento dos cidadãos em projectos urbanos sustentáveis. O estudo de Safaa Monqid (2016, p. 93) sobre as práticas de consumo nas cidades marroquinas destaca a persistência de estilos de vida pouco compatíveis com os princípios da sustentabilidade, nomeadamente em termos de gestão de resíduos e de consumo de energia. O trabalho de Mercedes
Volait (2019, p. 245) sobre o património urbano no mundo árabe revela as tensões entre a preservação da identidade cultural e as exigências da modernização sustentável, gerando por vezes resistência a projectos de renovação urbana entendidos como uma ameaça aos valores tradicionais.

III.4 Apesar destes desafios, o mundo árabe também apresenta oportunidades significativas para a inovação e a transformação urbana sustentável. O trabalho de Yasser Elsheshtawy (2018, p. 189) sobre cidades inteligentes no Golfo destaca o potencial das tecnologias digitais para melhorar a eficiência dos serviços urbanos e a participação dos cidadãos. O estudo de Aomar Boum e Sahar Attia (2017, p. 112) sobre iniciativas de agricultura urbana no Magrebe revela oportunidades para reforçar a resiliência alimentar e a coesão social em bairros desfavorecidos. Além disso, a investigação de Pierre-Arnaud Barthel e Valerie Clerc (2020, p. 278) sobre projetos de regeneração urbana em cidades mediterrânicas destaca o potencial de transformação de zonas industriais abandonadas e aglomerados informais em espaços urbanos sustentáveis e inclusivos. Por último, a análise de May Davie (2021, p. 167) sobre os movimentos de cidadãos nas cidades árabes pós-primavera Árabe salienta a emergência de novas formas de empenhamento cívico e de inovação social que poderão catalisar a transição para modelos urbanos mais sustentáveis e participativos.

IV. Para um modelo integrado de planeamento urbano sustentável e equitativo: propostas e perspectivas futuras para as cidades árabes

IV.1 Princípios orientadores do planeamento urbano sustentável adaptados ao contexto árabe

A elaboração de orientações para um planeamento urbano sustentável adaptado ao contexto árabe requer uma abordagem holística e contextualizada. O trabalho de Nabil Beyhum e Jean-Claude David (2018, p. 145) sobre o urbanismo sustentável no mundo árabe destaca a importância de reinterpretar os conceitos de sustentabilidade através do prisma das especificidades culturais, climáticas e socioeconómicas da região. Propõem um quadro concetual que integra os princípios de compacidade urbana, herdados das medinas tradicionais, com as exigências da modernidade e da eficiência energética. O estudo de Yasser Elsheshtawy (2020, p. 203) sobre as cidades do Golfo salienta a necessidade de desenvolver modelos urbanos que conciliem a ambição de influência internacional com a preservação da identidade local e a sustentabilidade ambiental. Por outro lado, a investigação de Mona Fawaz e Isabelle Berry-Chikhaoui (2019, p. 78) sobre as cidades do Levante propõe princípios de planeamento flexíveis e adaptativos capazes de responder aos desafios da rápida urbanização, promovendo simultaneamente a resiliência face às alterações climáticas e às crises socioeconómicas.

IV.2 Estratégias para reduzir as desigualdades espaciais

A redução das desigualdades espaciais está a tornar-se uma questão fundamental para um planeamento urbano sustentável e equitativo no mundo árabe. O trabalho de Pierre Signoles e Raffaele Cattedra (2017, p. 189) sobre as políticas urbanas no Magrebe destaca a importância das estratégias de reequilíbrio territorial, destinadas a desconcentrar os serviços e as oportunidades económicas dos centros das cidades para as periferias. Recomendam o desenvolvimento de centros secundários e de corredores de transportes públicos para melhorar a conetividade e a acessibilidade das zonas marginalizadas. O estudo de Myriam Ababsa (2021, p. 112) sobre a justiça espacial nas cidades jordanas salienta a eficácia dos programas de reabilitação in situ para os bairros informais, combinados com políticas de combinação social em novos desenvolvimentos urbanos. Além disso, a investigação de Eric Verdeil e Jocelyne Dubois-Maury (2020, p. 234) sobre as políticas energéticas urbanas no mundo árabe salienta a importância de estratégias de preços equitativas e de subsídios direcionados para garantir o acesso universal a serviços essenciais, promovendo simultaneamente a eficiência energética.

IV.3 Mecanismos de participação dos cidadãos e de governação urbana inclusiva

O estabelecimento de mecanismos de participação dos cidadãos e de governação urbana inclusiva é crucial para o sucesso de projectos de planeamento urbano sustentável no mundo árabe. O trabalho de Agnes Deboulet e Benedicte Florin (2019, p. 156) sobre os movimentos urbanos nas cidades árabes pós-revolucionárias destaca a emergência de novas formas de envolvimento dos cidadãos e de coprodução do espaço urbano. Propõem modelos de planeamento participativo que integram o conhecimento local e as iniciativas dos cidadãos nos processos de tomada de decisões urbanas. O estudo de Mona Harb e Sami Atallah (2018, p. 89) sobre a governação municipal no Líbano salienta a importância de reforçar as capacidades das autoridades locais e de criar plataformas para o diálogo entre as várias partes interessadas, com vista a uma gestão urbana mais transparente e responsável.

IV.4 integração de tecnologias ecológicas e de soluções baseadas na natureza

A integração de tecnologias verdes e de soluções baseadas na natureza representa uma via promissora para o planeamento urbano sustentável no mundo árabe. O trabalho de Karim Elgendy e Rami El Samahy (2021, p. 178) sobre a arquitetura bioclimática nas cidades do Golfo demonstram o potencial das tecnologias passivas e activas para reduzir o consumo de energia dos edifícios, melhorando simultaneamente o conforto térmico. Recomendam uma abordagem híbrida que combine os conhecimentos tradicionais de conceção adaptada ao clima com as inovações tecnológicas contemporâneas. O estudo de Taoufik Souami e Eric Verdeil (2019, p. 245) sobre os ecobairros no mundo árabe destaca a importância de uma abordagem sistémica que integre a gestão da água, da energia e dos resíduos ao nível dos bairros. Além disso, a investigação de May Davie e Pierre-Arnaud Barthel (2020, p. 123) sobre infraestruturas verdes nas cidades mediterrânicas destaca o potencial das soluções baseadas na natureza, como os corredores ecológicos urbanos e os sistemas de fitodepuração, para melhorar a resiliência urbana às alterações climáticas, preservando simultaneamente a biodiversidade.

Conclusão:

- **Resumo dos principais desafios e oportunidades**

O planeamento urbano sustentável no mundo árabe encontra-se numa encruzilhada crítica, enfrentando desafios multidimensionais, mas também oportunidades significativas de transformação. O trabalho de Pierre-Arnaud Barthel e Eric Verdeil (2022, p. 289) sobre as transições urbanas no mundo árabe realça a complexidade das questões em jogo, que vão desde a gestão de recursos num contexto de crescente stress hídrico até à necessidade de repensar os modelos de governação urbana. A dicotomia persistente entre centros urbanos e periferias, sublinhada pela investigação de Raffaele Cattedra e Aziz Iraki (2021, p. 156), continua a ser um desafio importante para a equidade espacial e a coesão social. No entanto, como mostram os estudos de Yasser Elsheshtawy e Mona Fawaz (2020, p. 203), a emergência de movimentos de cidadãos e a crescente adoção de tecnologias verdes oferecem oportunidades sem precedentes para repensar o urbanismo de uma forma mais sustentável e inclusiva.

- **Recomendações para os decisores políticos e os urbanistas**

Face a estes desafios, surgiram várias recomendações para orientar as acções dos decisores políticos e dos urbanistas. Em primeiro lugar, o trabalho de Nabil El-Khoury e Jocelyne Dubois-Maury (2023, p. 178) recomenda a adoção de uma abordagem integrada do planeamento urbano, ligando as dimensões ambiental, social e económica da sustentabilidade. Recomendam a criação de estruturas de governação intersectoriais capazes de ultrapassar os silos institucionais. Em segundo lugar, o estudo de May Davie e Taoufik Souami (2022, p. 245) sublinha a importância de reforçar os mecanismos de participação dos cidadãos, nomeadamente através da utilização de plataformas digitais e da criação de espaços de co-construção de projectos urbanos. Em terceiro lugar, a investigação de Karim Elgendy e Sami Zemni (2021, p. 112) salienta a necessidade de investir em infraestruturas verdes e resilientes, adaptadas aos condicionalismos climáticos específicos da região, promovendo simultaneamente modelos económicos circulares à escala urbana.

- **Perspectivas de investigação futura e apelo à ação**

As perspectivas de investigação futura sobre o planeamento urbano sustentável no mundo árabe são vastas e promissoras. O trabalho de Myriam Ababsa e Eric Denis (2023, p. 301) apela a estudos mais aprofundados sobre o impacto das novas tecnologias no tecido urbano, nomeadamente a inteligência artificial e a Internet das coisas, no contexto específico das cidades árabes. Além disso, o estudo de Franck Mermier e Mercedes Volait (2022, p. 189) salienta a necessidade de desenvolver abordagens comparativas mais sistemáticas entre as diferentes regiões do mundo árabe, a fim de compreender melhor a dinâmica de transferência e adaptação de modelos de planeamento urbano sustentável. Por último, a investigação de Agnes Deboulet e Benedicte Florin (2024, p. 234) salienta a necessidade urgente de explorar novos modelos de financiamento para projectos urbanos sustentáveis, adaptados às restrições económicas da região.

Em conclusão, o apelo à ação lançado por Pierre Signoles e Leila Vignal (2023, p. 278) é particularmente premente: face à urgência dos desafios climáticos e sociais, a transição para um planeamento urbano sustentável no mundo árabe não pode continuar a ser adiada. Apela a uma mobilização sem precedentes de todos os intervenientes urbanos, desde os decisores políticos aos cidadãos, investigadores e profissionais, para co-construir cidades resilientes, inclusivas e sustentáveis, enraizadas no seu património cultural, mas resolutamente viradas para o futuro.

Bibliografia :

- Ababsa, M. (2013). Atlas da Jordânia: História, Territórios e Sociedade. Beirute: Ifpo Press.
- Ababsa, M. (2021). Spatial justice in Jordanian cities: Challenges and opportunities (Justiça espacial nas cidades jordanas: desafios e oportunidades). Estudos Urbanos, 58(4), 112128.
- Ababsa, M., & Denis, E. (2023). Cidades inteligentes no mundo árabe: desafios e perspectivas. Jornal de Tecnologia Urbana, 30(2), 301-318.
- Ascher, F. (2001). Les nouveaux principes de l'urbanisme. Paris: Editions de l'Aube.
- Barthel, P-A. (2016). Gouverner par les reves? O novo capitalismo urbano no Magrebe. L'Information geographique, 80(3), 124-141.
- Barthel, P-A., & Clerc, V. (2015). Cidades árabes, cidades sustentáveis? Enjeux, circulations et mise a l'epreuve de nouvelles politiques urbaines. Environnement Urbain / Urban Environment, 9, 178-196.
- Barthel, P-A., & Clerc, V. (2020). Projectos de regeneração urbana em cidades mediterrânicas: Potenciais e desafios. Planeamento Urbano, 5(2), 278-291.
- Barthel, P-A., & Verdeil, E. (2022). Urban transitions in the Arab world: Challenges and opportunities (Transições urbanas no mundo árabe: desafios e oportunidades). Cidades, 120, 289301.
- Beyhum, N., & David, J-C. (2018). Urbanismo sustentável no mundo árabe: Reinterpretando conceitos através de especificidades culturais e climáticas. Planeamento Urbano, 3(2), 145-160.
- Boum, A., & Attia, S. (2017). Iniciativas de agricultura urbana no Magrebe: Melhorar a segurança alimentar e a coesão social. Jornal de Assuntos Urbanos, 39(1), 112-127.
- Brundtland, G. H. (1987). O nosso futuro comum. Nova Iorque: Nações Unidas.
- Cattedra, R. (2010). Les grands projets urbains a la conquete des peripheries. Les Cahiers d'EMAM, 19, 145-162.

- Cattedra, R., & Iraki, A. (2021). Dinâmica centro-periferia nas cidades árabes: desafios persistentes para a equidade espacial. Geografia Urbana, 42(2), 156-174.
- Catusse, M., & Karam, K. (2014). Renovar a política a partir de baixo? Mobilizações urbanas no mundo árabe. Em M. Camau & F. Vairel (Eds.), Soulevements et recompositions politiques dans le monde arabe (pp. 156178). Montreal: Presses de l'Universite de Montreal.
- Charlot-Valdieu, C., & Outrequin, P. (2009). L'urbanisme durable: Concevoir un ecoquartier. Paris: Le Moniteur.
- Davie, M. (2012). Beirute e seus faubourgs (1840-1940) : Une integration inachevee. Beirute: Presses de l'Ifpo.
- Davie, M. (2021). Citizen movements in Arab cities postArab Spring: Emergence of new forms of civic engagement. Estudos Urbanos, 58(1), 167-183.
- Davie, M., & Barthel, P-A. (2020). Infra-estruturas verdes nas cidades mediterrânicas: soluções baseadas na natureza para a resiliência urbana. Paisagem e Planeamento Urbano, 198, 123-135.
- Deboulet, A., & Florin, B. (2019). Mobilisations citadines et fabrique de l'urbain dans les villes arabes postrevolutions. L'Annee du Maghreb, 21, 156-172.
- Deboulet, A., & Florin, B. (2024). Novos modelos de financiamento de projectos urbanos sustentáveis na região árabe. Estudos Urbanos, 61(2), 234-250.
- Denis, E. (2007). Cidades e urbanização no Egito: Essai de synthese. Egito/Mundo Árabe, 1, 78-96.
- Diab, Y., & Dahir, S. (2011). Desenvolvimento urbano sustentável no mundo árabe: desafios e oportunidades. Em T. Abdel-Aziz (Ed.), Eco-Arquitetura III: Harmonização entre Arquitetura e Natureza (pp. 156167). Southampton: WIT Press.
- El-Khoury, N. (2018). Financiamento de projetos urbanos sustentáveis no Médio Oriente: desafios e oportunidades. Urban Research & Practice, 11(2), 132-148.
- El-Khoury, N., & Barthel, P-A. (2017). Distritos ecológicos no mundo árabe: uma abordagem contextual. Geocarrefour, 91(3), 89-100.

- El-Khoury, N., & Dubois-Maury, J. (2023). Planeamento urbano integrado para a sustentabilidade nas cidades árabes. Jornal de Planeamento e Desenvolvimento Urbano, 149(1), 178-192.

O papel da inteligência urbana na redução das disparidades socio-espaciais: o caso de Casablanca

Soukaina BOUJEMI, Abdelali FATEH [17]

Currículo :

O objetivo deste artigo é realçar os esforços envidados para reduzir as disparidades socioespaciais no âmbito do projeto de cidade inteligente de Casablanca, ainda em desenvolvimento.

As iniciativas de cidades inteligentes em Casablanca não só modernizam as infra-estruturas urbanas, como também visam reduzir as disparidades sociais, melhorando a acessibilidade, impulsionando a inclusão digital e promovendo um desenvolvimento económico equitativo para todos os residentes da cidade. Isto permite que as populações marginalizadas ou com baixos rendimentos acedam mais facilmente à informação e aos serviços em linha, promovendo assim uma maior inclusão digital.

Através de uma análise da literatura, exploraremos o impacto das iniciativas de cidades inteligentes e a sua relação com a redução das disparidades socioespaciais.

Palavras-chave: Inteligência urbana, cidade inteligente, disparidades socio-espaciais, Casablanca.

Introdução :

Em África, vários países tomaram iniciativas para desenvolver cidades inteligentes e explorar os benefícios das tecnologias digitais na gestão urbana. Os exemplos incluem Nairobi, no Quénia, Lagos, na Nigéria, e Accra, no Gana, bem como Casablanca e Rabat, em Marrocos. Neste artigo, centrar-nos-emos na experiência da capital económica Casablanca e nas repercussões socioeconómicas da introdução da inteligência urbana na cidade.

I: O lançamento da experiência das cidades inteligentes: um olhar sobre o contexto da emergência de uma experiência "inovadora

Casablanca é a maior cidade de Marrocos em termos de população e de

[17] *1Faculdade de Letras e Ciências Humanas, Universidade Mohammed VR, Rabat,*

desenvolvimento económico. Esta capital económica enfrenta desafios urbanos complexos, como o congestionamento do tráfego e a gestão de resíduos, para além da crescente procura de energia. As iniciativas de cidade inteligente de Casablanca foram lançadas em setembro de 2014, com a criação de uma nova marca territorial para a cidade, "weCasablanca".

Este programa de comercialização e promoção de Casablanca visa valorizar os trunfos da cidade, nomeadamente a sua juventude e a sua dimensão internacional, acelerando ainda mais o seu desenvolvimento económico e a sua influência global.

Constatamos que a adoção do termo "smart city" em vez de "intelligent city" confirma o desejo de reconhecimento internacional dos decisores. Smart city" é um termo que alguns investigadores consideram ter surgido na década de 1990. [18]Outros afirmam que foi utilizado pela primeira vez por Bill Clinton em 2005, quando a sua fundação lançou um desafio à Cisco . Por outro lado, não existe um consenso claro sobre quem o utilizou pela primeira vez.

Note-se que a decisão de transformar Casablanca numa cidade inteligente é justificada pela dificuldade de gerir esta cidade, cada vez mais confrontada com um forte crescimento demográfico. [2]Atualmente, esta megalópole alberga mais de 4,2 milhões de pessoas, com uma densidade populacional de cerca de 40 000 habitantes/km [3].

A transformação da infraestrutura urbana da cidade torna-se essencial, tornando as funções e os serviços urbanos mais eficientes, graças às novas tecnologias que, pelo menos em alguns casos, melhoram a solução para os problemas que assolam a vida urbana moderna: congestionamento de carros, poluição do ar, insegurança, etc. (TAILLEFAIT & LANNA, 2019).

Os dados são verdadeiramente o combustível das cidades inteligentes.

---

18 https://www.dicopart.fr/smart-city-2022

3- https://www.images-et-reseaux.com/smartcity-casablanca-se-positionne-become-intelligent-city exemplaire/#:~:text=Casablanca%20est%20la%20ville%20la,pouvant%20at teindre%2040.000%20habitants%2Fkm%C2%B2%20!

Em primeiro lugar, nas cidades inteligentes, está constantemente a ser criada ou recolhida uma enorme quantidade de dados. Alguns destes dados são elaborados de forma sofisticada pelos vários elementos da infraestrutura urbana, enquanto outros são vestígios deixados nos sensores. Uma vez recolhidos, os dados serão reunidos e interligados de forma a contribuir para o funcionamento de vários serviços.

Com o desenvolvimento dos dados abertos, os dados urbanos podem ser reutilizados pelos cidadãos e pelas empresas para criar novos serviços, nomeadamente aplicações para smartphones destinadas a facilitar a mobilidade, a procura de habitação e a gestão dos resíduos....À medida que fomos passando gradualmente para o modo de dados abertos, tornou-se claro que a qualidade dos dados é um fator importante para o sucesso dos programas de dados abertos: a delicadeza dos dados, a sua granularidade, a frequência com que são actualizados, a exaustividade dos metadados e a sua coerência com os dados produzidos ou divulgados por outras autoridades locais.

É toda a questão dos formatos comuns e da interoperabilidade dos sistemas (KESSLER, 2015). Além disso, os actores públicos são os mais preocupados com o desenvolvimento e a utilização de plataformas de código aberto, que facilitarão o acesso das empresas marroquinas em fase de arranque e das empresas aos dados públicos a explorar para produzir serviços de elevado valor acrescentado. A acessibilidade às oportunidades económicas é fortemente influenciada pela qualidade e disponibilidade dos transportes públicos, em especial nas zonas periféricas precárias, como a cidade de Errahma (Casablanca). Uma melhor rede de transportes pode reduzir a precariedade e melhorar a integração socioeconómica (Hbiak et al., 2018).

Atualmente, os decisores políticos estão a envidar esforços para facilitar o acesso aos dados, criando plataformas e portais de dados em linha onde estes são centralizados, organizados e acessíveis ao público, bem como a programadores e investigadores. Um exemplo é Casablanca, que adoptou o Citizen Open, uma iniciativa destinada a tornar os dados governamentais acessíveis ao público de uma forma transparente e utilizável. Esta iniciativa tem como objetivo promover a transparência governamental, incentivar a inovação e permitir que os cidadãos e as empresas utilizem dados públicos para desenvolver soluções e serviços inovadores. Essencialmente, os Dados Abertos do Cidadão envolvem a publicação de dados em áreas como as finanças públicas, os serviços municipais, os transportes, a educação, a saúde e outros sectores-chave. Estes dados são frequentemente disponibilizados gratuitamente e num formato digital de fácil acesso, permitindo aos programadores, investigadores e empresas utilizá-los para criar aplicações, efetuar análises e propor soluções que beneficiem a comunidade no seu conjunto.

No que diz respeito à mobilidade, em 2019, a empresa de desenvolvimento local (SDL) Casa Transports lançou um projeto de gestão inteligente do tráfego em nome da sede da polícia de Casablanca, com o objetivo de regular e modernizar o tráfego da cidade. O projeto denomina-se Poste Central de Regulation de la Circulation de Casablanca (PCC) e tem como objetivo dotar a cidade de Casablanca de uma plataforma digital inteligente. Composto principalmente por duas rubricas estruturais, nomeadamente a videoprotecção e a gestão do tráfego, o PCC introduzirá equipamentos e funções tecnológicas que optimizarão o controlo e a gestão do tráfego urbano, permitindo a monitorização em tempo real das principais vias, a gestão adaptativa dos semáforos em função do fluxo de veículos e a recolha de dados precisos para melhorar o planeamento urbano e reduzir os tempos de viagem dos utilizadores.

A participação dos cidadãos é também um fator-chave para o sucesso deste projeto de cidade inteligente. A digitalização dos serviços públicos: a desmaterialização dos procedimentos, também conhecida como e-administração, tem dois objectivos: por um lado, aumentar a qualidade e a fiabilidade do serviço, proporcionando flexibilidade, rapidez e personalização. Em segundo lugar, reduzir o custo do serviço através da teletransmissão e da desmaterialização (EMMERICH, 2014).

II: A inteligência urbana e a redução das disparidades socio-espaciais

As disparidades socioeconómicas continuam a ser um grande desafio para muitos países em desenvolvimento, incluindo Marrocos. Estas disparidades manifestam-se de várias formas, incluindo a desigualdade de acesso à educação, aos cuidados de saúde e às oportunidades económicas, bem como diferenças nas condições de vida e nos serviços sociais. Compreender e analisar estas desigualdades é crucial para promover o desenvolvimento inclusivo e conceber políticas para reduzir as disparidades socioeconómicas (Piketty, 2014; Atkinson, 2015).

O Banco Mundial e o Haut-Commissariat au Plan (HCP) sublinharam que, embora Marrocos tenha registado progressos significativos em matéria de desenvolvimento humano nas duas últimas décadas, estes progressos não foram distribuídos uniformemente pelas regiões e comunidades do país (Banco Mundial, 2021; HCP, 2022). Desde o início da década de 2000, Marrocos iniciou uma série de reformas económicas e sociais destinadas a modernizar a sua economia e a melhorar a qualidade de vida da sua população. Iniciativas fundamentais como o Plano Marrocos Verde, a Visão 2020 para o turismo e os programas de desenvolvimento regional contribuíram para um crescimento económico sustentado (Jones et al., 2017; Berrada, 2019; Sadik, 2018). Apesar destes progressos, subsistem disparidades significativas, com as zonas urbanas a registarem frequentemente um crescimento económico mais rápido e um melhor acesso aos serviços do que as zonas rurais. Por exemplo, centros urbanos como Casablanca e Rabat registaram um rápido desenvolvimento, enquanto muitas zonas rurais ainda sofrem de infraestruturas inadequadas e de um acesso limitado à educação e aos cuidados de saúde (Benchekroun et al., 2019; Bensaid et al., 2018).

A segregação socioespacial em Casablanca está profundamente enraizada na sua história colonial, onde a separação inicial baseada em critérios étnicos se transformou em segregação socioeconómica (Chouiki, 1997). Atualmente, uma nova dimensão foi acrescentada à segregação socioespacial graças à expansão da Internet. Trata-se da inclusão digital de todos os estratos sociais para que possam aceder às várias infra-estruturas digitais que oferecem serviços e oportunidades em linha. Facilitar o acesso a estes serviços reduzirá significativamente a fratura digital, que contribui para a segregação. Embora exista segregação espacial entre as diferentes classes sociais em Casablanca, a tecnologia digital pode garantir um acesso equitativo aos serviços da cidade inteligente.

Antes da introdução do conceito de cidade inteligente em Casablanca, as políticas e intervenções urbanas em bairros como Sidi Moumen mostram uma gestão parcialmente eficaz da marginalização, procurando modernizar e integrar estas zonas marginalizadas no tecido urbano mais alargado (Aoussar, 2018). O programa nacional Cidades sem bairros de lata (VSB) também assegurou a utilização de tecnologias para detetar e gerir os bairros de lata. A deteção de bairros de lata utilizando dados de satélite e sistemas de informação geográfica (SIG) permite uma gestão mais eficaz das zonas urbanas informais e melhora os esforços de realojamento das pessoas (Rhinane et al., 2011).

Conclusão

Em conclusão, as iniciativas de cidades inteligentes em Casablanca não só modernizam as infra-estruturas urbanas, como também visam reduzir as disparidades sociais, melhorando a acessibilidade, reforçando a inclusão digital e promovendo um desenvolvimento económico equitativo para todos os habitantes da cidade.

O primeiro passo na construção da inteligência urbana é incluir infra-estruturas de conetividade melhoradas, como a implantação de redes Wi-Fi gratuitas em espaços públicos. Em Casablanca, tal como noutras cidades, a adoção dos Dados Abertos do Cidadão reflecte um compromisso com a governação aberta e a participação dos cidadãos, com o objetivo de reforçar a confiança entre os cidadãos e o seu governo, estimulando simultaneamente a inovação e o desenvolvimento económico baseado em dados.

No domínio da transição digital, o ritmo incessante das mudanças tecnológicas e regulamentares torna essencial um acompanhamento contínuo (CHASSAGNE, 2016), a fim de incorporar as últimas inovações na gestão urbana, melhorar a eficiência dos serviços públicos e responder proactivamente à evolução das necessidades dos cidadãos.

Bibliografia

- TAILLEFAIT & LANNA, A. e. (2019). Cidades inteligentes & Sante. Instituto Universitário de Varenne.
- EMMERICH, S. (2014). La smart city en 10 questions. edições territoriais.
- KESSLER, B. (2015). Cidades inteligentes: A inovação no centro da ação pública. Berger Levrault.
- CHASSAGNE, C. (2016). Accompagner la transition energetique grace au numerique : Vers la smart city. territorial editions.
- Chouiki, M. (1997). La segregation sociospatiale a Casablanca. L'Homme et la societe.
- Piketty, T. (2014). Capital in the Twenty-First Century. Harvard University Press. https://doi.org/10.4159/9780674369542.
- Atkinson, A. B. (2015). Inequality: What can be done? HarvardUniversityPress . https://doi.org/10.4159/9780674287020.
- Banco Mundial. (2021). Panorama de Marrocos.
- Alto Comissariado do Plano (HCP). (2022). Relatório sobre o desenvolvimento humano em Marrocos
- Jones, P. G., El Fadil, A., & Khattabi, A. (2017). O desenvolvimento regional de Marrocos: questões e desafios. Jornal de Economia do Desenvolvimento, 126, 1-15. https://doi.org/10.1016/j.jdeveco.2017.03.003.
- Berrada, K. (2019). Reformas económicas e resultados sociais em Marrocos. Journal of Development Studies, 55(3), 456470. https://doi.org/10.1080/13673882.2019.1609702.
- Sadik, A. (2018). Disparidades regionais e desenvolvimento económico em Marrocos. Modelação Económica, 69, 319329. https://doi.org/10.1016Zj.econmod.2017.12.009.
- Benchekroun, A., Bensaid, S., & Oumzil, L. (2019). Disparidades urbano-rurais em Marrocos. Economic Modelling, 82, 153165.

https://doi.org/10.1016/j.econmod.2019.06.003.
- Bensaid, S., El Ghaouti, M., & Benbrahim, M. (2018). O impacto das infra-estruturas no desenvolvimento regional em Marrocos. World Development, 105, 319-330. https://doi.org/10.1016/j.worlddev.2018.02.005.
- Beqqal, N., & Chaoui, M. (2020). Para além do paradigma colonial: dinâmicas locais e a passagem da separação social à segregação espacial no urbanismo de Casablanca.
- Aoussar, Y. (2018). As dimensões espaciais e funcionais da política urbana nas margens urbanas internas da cidade de Casablanca: O caso do distrito de Sidi Moumen. Revista Internacional de Inovação e Estudos Aplicados, 23, 541-558.
- Rhinane, H., Hilali, A., Berrada, A., & Hakdaoui, M. (2011). Detecting Slums from SPOT Data in Casablanca Morocco Using an Object Based Approach. J. Geogr. Inf. syst. 3, 217-224.
- Hbiak, I., Adidi, A., El Brirch, E. H., & Nicolas, J. (2018). Análise da relação transporte - precariedade nas zonas periféricas de Casablanca.

Esta publicação colectiva explora em profundidade as múltiplas facetas do planeamento urbano sustentável no contexto específico de Marrocos. As análises interdisciplinares realizadas pelos vários autores evidenciaram a complexidade das questões envolvidas no desenvolvimento urbano sustentável, bem como a necessidade de adotar uma abordagem holística e integrada.

Os estudos de caso aprofundados, centrados nos aglomerados urbanos de Rabat-Sale-Temara e Casablanca, sublinharam a importância crucial da integração funcional dos espaços urbanos, do planeamento estratégico sustentável e da inteligência urbana para responder aos desafios da urbanização rápida e da competitividade económica. Simultaneamente, as reflexões sobre a educação urbana sustentável, a diversidade arquitetónica e a preservação do património evidenciaram o papel essencial destas dimensões na concretização de um planeamento urbano verdadeiramente sustentável e harmonioso.

Para além das especificidades do contexto marroquino, esta publicação também levantou questões universais, como a necessidade de promover a equidade socioespacial e combater as disparidades territoriais dentro das cidades. A análise da situação no mundo árabe evidenciou a importância crucial da justiça espacial entre os centros urbanos e as zonas periféricas para garantir um desenvolvimento urbano inclusivo e equitativo.

Em última análise, esta publicação representa uma contribuição substancial para o debate sobre o planeamento urbano sustentável em Marrocos e, mais amplamente, na região. Abre caminho a novas reflexões e iniciativas para enfrentar os complexos desafios que as cidades marroquinas enfrentam e para criar espaços urbanos mais resistentes, sustentáveis e amigos do ambiente.

As pistas de reflexão e as recomendações apresentadas nesta publicação colectiva constituem um apelo à ação para todos os intervenientes no desenvolvimento urbano sustentável em Marrocos. Juntos, decisores políticos, profissionais do planeamento urbano, investigadores e cidadãos, temos a responsabilidade de repensar os nossos paradigmas urbanos e implementar soluções inovadoras para construir cidades mais verdes, mais inclusivas e mais harmoniosas, capazes de satisfazer as necessidades das gerações actuais e futuras.

MIX
Papier aus verantwortungsvollen Quellen
Paper from responsible sources
FSC® C105338

Printed by Books on Demand GmbH, Norderstedt / Germany